U0520890

与独处相安，
与万事言和

[日]吉泽久子 著

张玲玲 译

北京日报出版社

图书在版编目（CIP）数据

与独处相安，与万事言和 /(日) 吉泽久子著；张玲玲译. —— 北京：北京日报出版社，2024.4
ISBN 978-7-5477-4479-6

Ⅰ.①与… Ⅱ.①吉… ②张… Ⅲ.①人生哲学 - 通俗读物 Ⅳ.①B821-49

中国国家版本馆CIP数据核字(2023)第007347号
北京版权保护中心外国图书合同登记号：01-2024-0934

<99 SAI IKUTSU NI NATTEMO IMA GA ICHIBAN SHIAWASE>
Copyright © HISAKO YOSHIZAWA 2016
First published in Japan in 2016 by DAIWA SHOBO Co., Ltd.
Simplified Chinese translation rights arranged with DAIWA SHOBO Co., Ltd.
through East West Culture & Media Co., Ltd., Tokyo Japan.
Simplified Chinese edition copyright © 2024 by BEIJING ZITO BOOKS CO.,LTD. China.

与独处相安，与万事言和

责任编辑：	秦　姚
监　　制：	黄　利　万　夏
特约编辑：	曹莉丽　鞠媛媛　杨佳怡
营销支持：	曹莉丽
版权支持：	王福娇
装帧设计：	紫图装帧
出版发行：	北京日报出版社
地　　址：	北京市东城区东单三条8-16号东方广场东配楼四层
邮　　编：	100005
电　　话：	发行部：(010) 65255876 总编室：(010) 65252135
印　　刷：	艺堂印刷（天津）有限公司
经　　销：	各地新华书店
版　　次：	2024年4月第1版 2024年4月第1次印刷
开　　本：	787毫米×1092毫米　1/32
印　　张：	7.25
字　　数：	106千字
定　　价：	59.90元

版权所有，侵权必究，未经许可，不得转载

前言

年纪大了些，
幸福随之多了些

活到现在快 100 岁，我已经不太看时钟了。现在的我，拥有许多属于自己的时间。当然，我知道接下来的人生所剩无几，因此就算自由时间十分充裕，还是要珍惜每一分每一秒。

年纪大了的好处就是，即使碰到些许让人发火的事，转念一想，算了，还是好好享受目前快乐的生活吧！

现在越来越多的女性，看起来比实际年龄小，好像大家都在追求外貌上的青春，仿佛"年轻最棒，老了完蛋"。这种"年老是罪恶"的想法，似乎已成为主流。大家为什么这么怕老呢？好像"老"是一件很恐怖的事。

的确，人越老，皮肤上的皱纹、黑斑就越多，而头发却越来越稀疏。但随着年纪渐长，智慧的累积也就越多。年轻时看不到的东西，现在你可以重新发现、认识和了解，进而拥有更多的知识，历练出更丰富的自己，活得比过去更加充实。

年轻只是人生的一小段时间而已。假如过了90岁，仍然拥有20岁的脸庞和身材，那不就是妖怪了吗？岁月逐渐累积，我们越来越懂得欣赏事物美好的一面，也越来越能与不好的一面和谐相处。也就是说，虽然容颜老去，但我们的内在将会变得更丰富、更浓醇。

大多数人都无法面对变老，甚至是死亡，其实这是很自然的事。年华老去却不肯承认，每天郁闷度日，岂不是太浪费生命了吗？

人一旦过了50岁，就会失去很多东西。不论体力、精力还是经济方面都会衰弱，各方面都是如此。这种感觉就像是"仿佛昨天还能做的事，今天突然就做不好了"，这样的窘境只会越来越频繁。与其一直计算自己失去多少，不如多重视健康，让日子过得开心，这才是最重要的。明明能做却不做，说白了就是因为懒惰。如果你倾向逸乐，就会一头栽进安逸里，任谁都不能将你拉出来，甚至稍微碰到一点麻烦的事，便立刻产生放弃的念头。

我很想避免这一点。但可以预见的是，人一旦上了年纪，就算拥有大把时间，却提不起劲去做能做的事，那就会越老越无力。简单来说，这种"怕麻烦"的心态是会助长老化的。无法像年轻时那样精彩度日，会使你感到悲惨、不幸吗？或者，你认为回归简单的生活也不错？这便是幸与不幸的分界点。

年轻时可以做的事，如提重物、走了很远的路也不喊累，这些事虽然在老后做不到，但仍然有许多人愉快地生活着，而且绝对不止一个。任何人都会变老，但能否在余生开心享受自己能做的事，则全看个人的心态。

不怠惰、不求人，享受上天赐予的生活，我实在没空哀叹。

在老后人生的缓降坡上，景色依旧宜人。从家里向外望，赤红的夕阳和满天彩霞无时无刻不在变化，大自然绚丽的色彩实在吸引人。感受心灵的每一次悸动，这种悠闲，正是年轻时无法体会的妙趣吧。

仔细捡拾年轻时忽略的美好、搜集过往发生的点点滴滴，我认为，现在这样的人生才是最幸福、最棒的。

目录

第1章
一个人住真有趣

早餐之前,我这样开启新的一天　003

一个人生活,最自由　007

亲笔回信致谢,与心灵面对面　009

不留污渍的生活　011

一天最期待的晚餐,我这样准备　013

晚餐后、睡觉前,我这样度过　016

夏天下点儿功夫,心态变年轻　018

访客替我带来外面的风　020

随时做好防灾准备　022

从小小的生命感受生活动力　024

放大镜和望远镜的妙用无穷　026

经常保持"我行我素"的心情　028

感念的心永不停歇　030

第 2 章

爱吃是元气之源

想吃东西却不吃，是莫大的损失　035

我独创的"别在意"健康法　038

回想战争时期，那些我最想吃的食物　041

保持属于自己的节奏　045

笑，是每日最佳良药　048

每天都要好好吃饭　051

吉泽家的料理基本配备　054

那些忘不了的回忆之味　057

分送美味，分享福气　062

第 3 章

不依赖的生活哲学

女人都该有自己的事业　067

早早就萌芽的自立心　069

一技在身,加速了我的经济独立　071

在战败的街头想着:我得好好工作　073

婚后开始的专栏连载　077

重返校园,只因超想学习　080

需要独处时,我这样转换心情　082

退休之后,人生还长得很呢　085

"不依赖"是我的人生信条　087

第 4 章

对未来做好思想准备

肩周炎教我的事　093

与孤独同行——婆婆光子的老年典范　097

哪怕是 80 岁，也要有学习的心　100

所谓人生，是八九十年的事　103

当婆婆罹患失智症，我……　106

先后和婆婆、丈夫告别　109

希望到最后，我都能一个人住　113

提前为死亡做好准备　116

为了安享晚年，你得存够老本　119

拥有梦想，生活不断前进　122

第5章

朋友是我们最大的资产

广结善缘　127

上了年纪仍精力旺盛的秘诀：懂得享乐　130

年轻时结交的朋友，是我们最大的资产　132

多替对方着想　134

再好的朋友，也得有交际围墙　135

不背人情债　138

真正的知己不求多　140

结识不同的人，打开交友网络　142

不对他人有过度期待，人际更顺畅　144

人人都喜欢收到礼物　146

享受等待的乐趣　148

用写信思念远方友人　150

只有夫妻俩的老年生活，小心争执变多　153

第 6 章
那些鼓励过我、想与你分享的语句

世上美丽的东西，无论多小都不要错过　159

缺点连 3 岁小孩都知道，不必刻意去找，
只要注意对方的优点就行了　161

越艰辛，越要柔软，做个真诚的人　163

日本人的饮食习惯非常好，唯有钙质不足，
多喝牛奶就行了　165

愿望尽可能越小越好　167

傲慢会招致毁灭　169

独居要小心身体，但也不该放任自己怠惰　170

别被"人生应该如何"束缚　171

品尝现在拥有的幸福　172

闷闷不乐无济于事　173

未来我打算一个人住　174

今天就是最棒的一天　176

附录 ❶

我最喜欢做的菜

凉拌卷心菜 181

新鲜洋葱柴鱼片沙拉 182

豌豆汁 183

沙拉寿司 184

毛豆饭 185

干咖喱 186

芹菜炒牛肉 187

醋腌蘘荷 188

西红柿酱 189

炒鸡肉 190

红薯苹果沙拉 191

柿子魔芋白酱 192

吉泽流关东煮 193

牛奶粥 194

炖煮白萝卜 195

我家的大杂烩 196

柿子干拌柚子 197

香煎牡蛎 198

一人份寿司 199

附录 ❷

我喜欢订购的食材与点心

山上商店的鲑鱼 203

下田豆腐店的创意炸油豆腐 203

野中鱼板店的鱼肉天妇罗 204

山田屋的小馒头 204

SUYA 的栗子团 205

MONROWARU 的树叶巧克力 205

后记 207

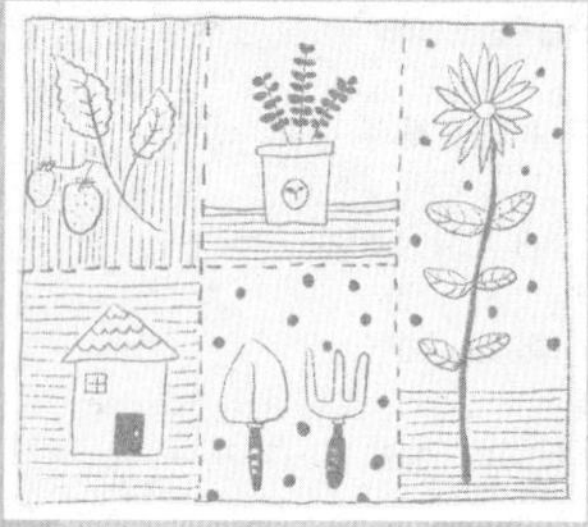

Chapter 1

一个人住真有趣

早餐之前,
我这样开启新的一天
一个人生活,最自由
与心灵面对面不留污渍的生活
……

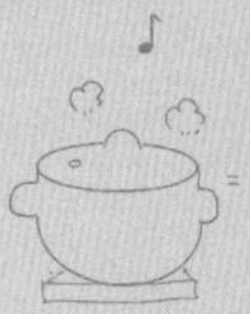

早餐之前，我这样开启新的一天

最近，我一边品尝着"今天最幸福"的美妙生活，一边过着精力充沛的日子。

或许有人认为独居很寂寞，也有人担心我一个人生活真的没有问题吗？但我认为一个人过日子真棒！不必顾忌任何人，充分享受自我掌控的自由。

已经去世的妹妹，以前就住在相邻的镇上。她常说："姐姐，一个人住真好！"由于我们两人都是高龄独居者，于是有人建议，既然是亲姐妹，何不住在一起，互相照应？但我们却都选择了一个人生活。并非我和妹妹的感情不好，而是彼此都想保有自己的生活节奏。

妹妹生前是音乐老师,喜欢有音乐相伴的热闹生活。而我因为要写作,喜欢安静的环境。假如我们住在一起,势必很难继续保有自己的节奏。万一有了纷争,反而会破坏姐妹之情。

现在,每天早上 8:30 左右我便悠悠地醒来。夏天醒得比较早,我会打开卧室的窗户通风,然后再回到床上,补个回笼觉。心情好极了,感觉真的好幸福。

就算醒得早,假如没有采访等安排,我会读书、看电视,或者干脆窝在被子里发呆。由于我平时不睡午觉,为了保持健康,夜晚我会尽量让睡眠充足,白天睡到自然醒,这不正是独居者的幸福时光吗?

起床以后,我会喂鱼、给院子里的植物和盆栽浇水,如果有昨晚剩下的杯盘及食物等东西,就要花些时间先清理。然后做一顿丰盛的早餐,慢慢地享用,因此我吃早餐的时间,通常已过了 9 点。

我的早餐菜单,是过去家人还在世时的基本款:英式吐司、鸡蛋、蔬菜、水果、红茶、酸奶。我已去世的婆婆是外交官的妻子，他们的孩子（先夫古谷纲武）是在比利时出生的，所以一家人都喜欢早餐吃面包，我也养成了相同的习惯。鸡蛋的做法则每天不同，有时水煮，有时做成炒蛋。另外，我会煮一大壶红茶，放在保温瓶里。

有时，我会把菠菜先氽烫一下，切成小段，用黄油炒，上面放一个五分熟的荷包蛋，再把蛋弄破了拌着吃，或是夹在切片的面包里做成三明治，美味极了。我几乎每隔一阵子就会做这道料理。冬天我常煮牛奶粥和蔬菜汤。牛奶粥的做法，与香川营养学园创办人香川绫女士的料理方法类似（食谱见第194页）。

朋友寄来很多胡萝卜时，我会先煮过、放凉，再储存起来，想吃的时候加入牛奶、放进搅拌器打成浓汤。颜色鲜艳、温暖的胡萝卜浓汤是冬天早上的圣品。此外，把胡萝卜和奶油一起煮过之后，很适合加在肉里一起炖煮，非常方便。

因为早餐吃得很丰盛，我通常不吃午餐。我把家人还在世时使用的大型洗碗机、大型冷冻柜都处理掉,换了一个小冰箱,容量只够保存一人份的食物。

冰箱如果买得太大,容易存放太多东西,而放在深处的食材,往往很难找到,或是被遗忘。好不容易买的食材,坏掉实在可惜。我现在的冰箱虽小,但一眼就可望穿,不会忘记里面放了哪些东西。总之,我希望能更好地运用冰箱里所有的食材。

一个人生活，最自由

先夫古谷去世一个星期后，我因为某个无法拒绝的工作，必须前去大阪。演讲结束后，正要回家时，恰逢大雪，新干线停驶。那一瞬间，我的直接反应是：真糟糕，我得赶着回家煮饭给古谷吃呀！然后又立刻意识到：啊，不必赶回家，我就在大阪住一晚，不会给谁添麻烦的。当时那种陡然升起的放松和解放般的自由感，至今仍令我难以忘怀。

这种"今后将自由下去"的心情，是先夫古谷和婆婆光子送给我的礼物，我会好好地珍惜。我保持着这样的心情继续过日子，完全没有压力。一个人生活很自由，可以选择自己喜欢的工作，不必和讨厌的人虚与委蛇、假意周旋。老年时拥有一个人的自由，真是好极了。

这可能和我的个性有关。碰到讨厌的事时，我不会发牢骚，也不会闷闷不乐。年纪大了，很多人会变得爱抱怨、爱闹别扭、动不动就生气，幸好我不是其中之一。不论发生什么事，我都会先想：这种事本来就有可能发生，会不会是理所当然的呢？当然我一定也有生气的时候，但仔细思索原因，很多时候会发觉这件事根本没什么大不了，心情便会随之平静下来。

我不认为自己天生才华横溢，也很少听到别人夸赞我优秀。有工作时，我在自己的能力范围内努力，拼命把事情做好，但不会因为要和别人比较而焦虑、逞强。大家要知道，抱怨、发牢骚、生气，是会持续累积压力的。这时我会让自己放轻松，把心静下来，好好想想：我为什么抱怨？生气的原因是什么？为什么要闹别扭？等情绪稳定之后，也许你会发现，生气的导火索可能只是芝麻小事，一点儿也不重要，怒火自然就会熄灭。

现在能把日子过得这么没有压力，实在太幸运了。在我临终之前的晚年生活，每一天都很幸福。

亲笔回信致谢，与心灵面对面

白天我会写稿子、写信或接受采访，过着忙碌的生活。这时我会把工作排好优先顺序，例如，有稿子要完成时，我就会把这件事排在第一位。在稿子写好以前，会不断思考内容、找数据、反复润饰。有时只要一天就能完成，有时也可能要花上几天甚至几个星期才能完工。工作对我来说相当重要，绝对马虎不得。

接受采访时，我会为前来的工作人员做些贴心的准备。炎夏酷暑时，我希望能让对方感到清凉；天气寒冷时，则要让对方感觉温暖。最好的方式，就是为他们准备适宜的食物：今天该喝什么？搭配哪些茶食？总之，我会动脑筋想一些点子，以迎合对方的喜好。

写信也是我的重要工作。收到读者寄来的信或明信片，我一定会亲自回复；乡下友人寄礼物来，我也一定亲笔撰写感谢信。当我写信向久未联络的朋友问候，也一定用钢笔手写。有时写着信，时间不知不觉就过去了。

我坚持亲笔写信，固然是向对方表示礼貌，但最重要的是，这件事可以让我重新面对自己，找到并确定内心真正的想法。在写信的过程中，我会努力寻找与自己想法一致的美丽句子，这让我的心灵和头脑同时变得更清晰、透彻。

例如，我想把平时发生的琐碎小事，细致地与对方分享。此外，还有季节转换、旅行邂逅的趣事等喜悦之情，自己喜爱的书籍、代表作和嗜好，品尝美味食物的小确幸……一想到要写出这些，我的心情便雀跃不已。

不留污渍的生活

没有工作的日子,我会做家务。

生活环境如果太过杂乱,心情就会跟着郁闷。把房间整理干净,心情也会跟着变好,因此我会稍微做一些力所能及的清洁工作。灰尘一旦累积太多,日后处理起来相当麻烦,必须时常留意清扫,不让灰尘积得太厚。如果你家真的很干净,也不必刻意天天打扫,这就是一个人生活的随机应变。我家没有规定哪天做家务,完全配合当天、当时的情况,自由安排。

每个月,我家会固定举办一次"群之会"(むれの会,这是先夫古谷生前主办的读书会,一直延续至今)。这时,我会请认识的木匠师傅,提前一天到我家打扫庭院,他真的帮了很大的忙。如打扫庭院之类的工作,我担心自己摔跤，已经没办法亲自处理，因此很庆幸他能前来协助。另外，侄儿夫妇有时会顺道来看我，并帮我打扫。我得到了大家很多的帮助，这些我都铭记在心。

至于洗衣服，我会每天晚上用手洗。因为我觉得如果把脏污留到半夜甚至是第二天，实在是件非常丢脸的事。厚重的衣物当然得动用洗衣机，但内衣等贴身衣物我一定手洗，把当天穿过的衣服清洗干净。这是我多年养成的习惯，但真要说其中有多么伟大的情操，那还真没有。

我想，这就是理所当然的日常生活吧。

一天最期待的晚餐，我这样准备

虽然我没有固定几点吃晚餐，但大概都在傍晚6—7点。以下是我某一天的晚餐菜单：

白米饭；

风干水针鱼*；

红烧萝卜油豆腐；

芝麻拌芹菜；

芥末酱菜；

草莓牛奶。

---

* 日本料理中常见鱼种，嘴部细长如针，味道十分鲜美。

白米饭是用电饭锅煮出来的。吃饭前我会先用大麦茶润喉,因为我想多吃一点白米饭,一旦喝汤就吃不下了,所以没有另外煮汤。尽管一个人住,我还是习惯煮三杯米,剩下的米饭可以拿来做成饭团,按照每一餐的分量,用保鲜膜包起来,放进冰箱冷冻室里,想吃的时候拿出来加热即可。

风干水针鱼料理,是住在附近的诗人谷川俊太郎先生的母亲教我的。把新鲜水针鱼的背部剖开,浸泡酒盐*10分钟,再擦干水分,用铁针穿过鱼的身体后吊起来,每一面用电风扇吹半小时,就成了仍带有些许湿润口感的生鱼干,十分清爽美味。

听说俊太郎先生的父亲,哲学家谷川彻三先生很爱这道美味,我特意去学了这道菜,它成了我的拿手好菜,我也经常在水针鱼盛产的季节烹煮这道料理。鱼干配白米饭是我喜欢的菜单之一,不过水针鱼干的吃法比较特别,用生姜酱油红烧后,淋在热腾腾的白米饭上,恐怕

---

* 烹调用的调味料酒。

不只是吃货，连平时不怎么吃鱼的人闻到那股香味，都会口水直流呢！

甜点则是我喜爱的草莓牛奶。

虽然我常被朋友笑话爱吃，但人都活到这把岁数了，不就是该趁着食欲还不错、身体还健康，有很多想吃的东西时，自己做来享用吗？要是连这一点都办不到的话，就没办法一个人生活了。

顺带一提，我从很久以前就怀疑"废寝忘食"这个成语的真实性。当然我了解这句话的意思，但我再怎么投入一件事，也绝对不会忘记睡觉和吃饭。因为这是人类生活中最重要的大事，连这种事也能忘记，岂不是不太正常吗？

晚餐后、睡觉前，我这样度过

吃完美味的晚餐后，我会看看电视、读三份报纸、看书，悠闲度过夜晚时光。

晚上来访的客人不多，偶尔有一位住在附近的、先夫古谷过去很疼爱的小男孩（现在已经是大人啦）会来拜访。我们会一起喝杯酒闲话家常，一起回忆品尝过的食物，聊聊周围邻居的趣事，不知不觉时间就过去了。

身体感觉特别疲倦的时候，我会在晚上8点左右就上床歇息。如果真的有客人来访无法早早就寝，我会在第二天多睡一会儿。有时候，我可能会睡到中午12点多才起床，当晚的歇息时间也依整天的活动量而调整。

洗澡的方式同样也是根据心情而定，有时可能晚上泡澡，也可能是早上起床后再淋浴，每天的情况都不同。能够这样随心所欲地过活，便是独居的最大好处了。

早上要是起得晚，肚子就容易饿。这时我会喝点甜酒，或是吃颗最爱的酒腌杏。先夫古谷生前的好友，有个住在九州岛的女儿，她来东京时常借宿我家。由于她每次都会去上野的鱼河岸和阿美横丁[*]买东西，我会请她帮我买杏干，泡在君度甜酒[**]里，十分美味。我很喜欢吃杏，以前曾把杏核埋在院子里，现在已长成一棵大树，每逢春天便开满雪白的杏花。或许有一天我可以吃这棵树结成的杏，很期待这一天的到来。

夜晚睡不着的时候，吃颗酒腌杏，享受一个人的快乐，吃着吃着就犯困了。长到这个年纪，我还从不曾因为失眠而烦恼过呢。

---

[*] 这两个地方皆为当地热闹的市场。
[**] Cointreau，法国出品的橙味甜酒，可作为餐前酒和餐后酒饮用。

夏天下点儿功夫，心态变年轻

我已活过日本人的平均寿命*，心想着自己什么时候去世都无所谓。虽然每天都这么想，内心深处却仍然希望，能在有限的生命里快乐地生活。因此我不会为了无聊的小事而烦忧，这么一来，似乎就没有压力会累积了。

例如，夏天在家里做什么都热，尽管打开空调、电风扇，还是热得受不了，这时我发现什么事都不做，就是最开心的。如果有非得完成不可的工作时，通常我会这样处理：把毛巾弄湿搭在脖子后面，并紧紧贴着肩膀。

---

* 2016年日本人的平均寿命，女性为87岁，男性为81岁。

由于蒸发吸热原理*，从脖子到肩膀都会瞬间变得凉快。

拥有这样的生活小智慧，实在很有意思，工作也可以顺利进行。又因为是在家里用不着打扮，直接把毛巾搭在脖子后面，也不用担心被人笑话。这是能有效缓解酷暑的良方。

另外，饮用放满冰块的冷泡茶、傍晚时在路面洒水（同样也是蒸发热原理）或浇花等，都是可以让人在夏天感觉凉快的小妙招。天一热，人就容易烦躁，因此我们必须学会转换心情、努力忘却酷暑，进而恢复旺盛的生命力，就像回到青少年时期一样。

我一直在想，为了更有朝气的明天，今天必须活得更充实。也就是说，为了下一步的行动，得从这一刻起储备体力。因此我不认为夏天睡午觉、发呆是浪费时间，反而是能让日子更有活力的做法。

---

* 液体在转化成气体时，会将热量带走并降温，这时的热就是蒸发热。

访客替我带来外面的风

年纪大了，便不想和讨厌的事有瓜葛，所以我会尽可能地去看事情好的一面。人生有限，如果不去看光明的一面，岂不太无趣？

最近，外甥女对我说："大姨，你很适合穿明亮色彩的衣服。"因此她选了许多漂亮、色彩鲜艳的衣服送给我。

冬天寒冷的早晨，我会穿上她买的羽绒外套，站在厨房烹饪时，就算外面天寒地冻，我的背脊也会感觉到温暖，而且外套很轻，我能活动自如；价钱则在她能够承受的范围以内，因此我欣然地收下，并不为此感到有心理负担。

这位外甥女是我妹妹的孩子。由于我们两家住得很近，她常来我家玩。她读高中时，还常来我家擦窗子打工赚外快呢！

我和外甥女常常聊美食，有一次聊到东京郊外乡下的食物时，我问："这东西你在哪里买的？"她回答："我用邮购买的呀，现在很方便，只要通过目录邮购，就不会错过任何好吃的美食。"

她说，平时会趁做家务的空当，翻阅百货公司的目录或是看看电视购物频道，非常有意思。我又问她："你双腿明明很健康，平常也有时间出去买东西，如果再加上电视购物和目录邮购，难道不会一不小心买太多吗？"她听了笑着回答："唉呀，我只是'邮购穷人'＊啦。"

我虽然时常通过邮购买东西，不过"邮购穷人"这个词儿倒是头一次听说，感觉是现代的流行用语。外甥女目前经营着妹妹遗留的音乐教室，平时也以喜爱的美食为生活重心，每次与她交流，她总会带来一股外面吹来的风，让我感动、惊讶，也觉得十分有趣。

＊ 日文为通贩贫乏。有只看不买，或是货比三家之后再出手的意思。

随时做好防灾准备

独居生活最担心各种灾害。由于我住的地区比较安全,只要不发生火灾把屋子烧毁,先前囤积的罐头等食品,以及院子里种的蔬菜,也够我吃好几天。

年轻时我曾经历过太平洋战争时的东京大轰炸(1945年3—5月),所以格外小心。当时朋友的家因为空袭惨遭火灾,我永远忘不了前去探望她时,她站在烧成废墟的房屋前,对我说过的话:"虽然一切都很痛苦,但现在最痛苦的是,当你用力洗净被烟熏黑的脸,却发现没有东西可以用来涂在脸上(保养皮肤),感觉好愕然、好难过。"

在那样的时代,就算有钱也买不到稀有的物品(现在当然很容易就能入手)。当时朋友说的话对我影响甚大,直到现在我也一定会在紧急救难包中放入乳液。因为这是平时也要用的东西，如果我买了新的，就会拿去和救难包中的旧款替换，使救难包中永远有一款新鲜的乳液。

另外，我认为突然发生灾害时，必须要知道自己身陷何处，也要避免被掉落的玻璃割伤脚，因此，我会在床边放上橡胶长靴及大型手电筒。

除了救难包，我还准备了两个因突发急病、非得住院不可时使用的包。或许有一天灾害发生时，这两个包便能派上用场。其中一个包里放了睡衣、浴巾、洗脸毛巾、内衣裤、洗漱用品、常用的乳液、粉饼、唇膏、梳子、面巾纸。另一个包里面则放了饭碗、茶杯、筷子、餐巾、明信片、便条纸、圆珠笔、信封、稿纸等物件，另外像钢笔、印鉴章、医保卡之类的常备品亦不可或缺。

我也会把平时买的桶装水留下来，万一哪天无水可用时，至少可以用它来洗手，因此哪怕桶脏了，我也舍不得扔。

每天睡觉前，我会在 2 升的水壶里装满水。院子里也备有烤肉用的煤球和木炭，我总是想着，当灾害发生的那一天，可能会派上用场吧？烤肉用具原本是为了享乐准备的东西，现在我却很庆幸自己始终没机会用上它们。

从小小的生命感受生活动力

我曾和神奈川县立保健福祉大学校长,身兼营养学专家的中村丁次先生一起参加研讨会,中村先生的讲题是"吃了美食,就算死了也能很有精神"。我恍然大悟,心想:就是这样没错!一直以来我为了守护健康所做的一切,全包含在中村先生的讲题中了。

或许我们很难乐观地面对生活中的一切,但随时注意身边的小确幸,捡拾这些小小的喜悦,并且一直持续下去,自然就能保持乐观的态度。

先夫古谷纲武去世之后,我正式迈向独居生活,开始在院子的水缸里养鱼。我想饲养那些如果没人照顾便无法生存的生物,一旦有了需要照顾的生命,生活就会变得更有活力。每天早上起床,我会先到水缸边呼唤它们，然后喂鱼吃饲料。鱼虽小，感觉却像家人一样。

我原本就很喜欢动物，一直想着要养狗，但现在的我已经无法遛狗了。对我来说，养在水缸里的鱼刚刚好。我独居30多年，鱼也历经产卵、长大、世代交替的过程，至今我仍乐在其中。

不论是植物还是动物，如果我们不浇水、不喂饲料，它们就会死亡。这些生命的存在使我的心更有了活力，因此我喜欢孕育生命。不论多小，都让我实际地感受到生命力，并从心底涌出了暖流。

放大镜和望远镜的妙用无穷

我虽然订了三份报纸，但并不会从头看到尾，而是只看感兴趣的标题。报纸报道了全世界发生的事，可以说它是窥探世界之窗。

报纸上如果刊登了我看不懂或喜欢的句子，我会立刻去查字典，反复为之、不厌其烦，简直就是字典不离手。追求自己感兴趣的东西、研究某个主题相关的事物，是非常开心的事，完全不必顾虑任何人。学习和嗜好如果是为了外表和应酬，那就太无趣了；而一个人住的最大好处，就是不用顾及任何人吧。

我家到处都有放大镜。因为先夫古谷说过"世上美丽的东西，无论多小都不要错过"，为了不留遗憾，我会刻意拿起放大镜仔细观察。

院子里水豆瓣的花朵，一到春天就开。可惜花形太小，光用肉眼看不太清楚，这时我会用放大镜仔细瞧瞧，细致的花朵非常美丽。我经常为了这么小的花却能开得如此娇美而感动不已。

长久以来，我都把观察各种小花视为最大的乐趣。偶尔我也会用望远镜凝神观察造访院子的鸟儿、狸猫和蛇。放大镜和望远镜实在是太神奇的发明了，每次有新发现，都会让我怦然心动。

日常生活中只要稍加留意，就算不出门也能寻获许多乐趣和欣喜。我也深刻体会到，即使到了这把年纪，还是有很多我不知道的事情。

因此，我强烈建议各位，只要一次就好，就算觉得被骗也罢，请大家试着用放大镜观察嫩芽和花朵吧。你一定会被大自然的造型之美所震慑。看到这些美丽、有力量的事物，一定会心生感动。

每天怀着好奇心，去看、去问每件事物，碰到不明白的，就去研究或向人请教。好奇心和享受乐趣的精神与年纪无关，为了每天能够开心过日子，我希望自己能永远保持这种不可或缺的心情。

经常保持"我行我素"的心情

写了这么多独居的乐趣，难道在我的生活里，就没有令我讨厌的事吗？当然有。但是我认为把有限的时间用在抱怨、闷闷不乐上，就太可惜了，因此我会刻意避免。不过度深入人际关系、为人做事圆滑不蛮干、出手之前多想一想、把事情一件件地做好……这些是我从岁月中汲取的经验。

此外，对任何事情保持从容也很重要。与人约好碰面时要提早到，你才有空喘口气，好好调整情绪。心情郁闷时，我就会对自己说："就算生气也没用。还不如去吃点美味的食物，转换一下心情。"到了蛋糕店发现美味的点心，我会告诉自己："开开心心过好我的日子就好，管那些乱七八糟的事干什么？"这大概是吃货的特权吧。

只要学会转换心情，你就不会沮丧太久。这种经常"我行我素"的做法，是能够巧妙转换心情的开关，也是保持平静的秘诀。

感念的心永不停歇

谈到我的性格,比起爱出风头,我更喜欢退居幕后,所以在自己说话之前,我会先听听别人怎么说。这样的个性其实有点消极阴沉,说实话,我并不喜欢。随着年纪渐长,我自觉责任稍微卸下了,性格也变得开朗起来。同时也尽量多做"尽管我不擅长说话,至少我可以练习倾听"的正向思考,以此来面对自己原本不够积极的个性。

我会留意自己是否"打开天线",不光是观察国际大事,更会留意自己的心情如何转换,这点更加有趣。例如,早上散步时的感受、与人聊天后的感想、望着庭院忽然发现什么、看到报纸上的消息大吃一惊、和美味相遇的喜悦等。

每天我都会遇到不同的事，这时我会重新思索：自己为何这么想，哪里有意思，什么地方让人惊讶。

年纪大了以后，外出的机会渐渐减少，但是感念的心不能停歇，要不停地转动。大家可以先想一想，自己对什么事最有感觉？那份感动会协助你"打开天线"，用客观的双眼去观察，你将发现自己拥有的，比你以为的更多、更有趣。

每个人都背负着过去而活，但活着并不是为了过去。不论几岁，都要抱着"从现在开始，我要……"的心情。生而为人并不容易，如果不好好观察、聆听、思考、品尝，岂不是浪费了宝贵的人生吗？

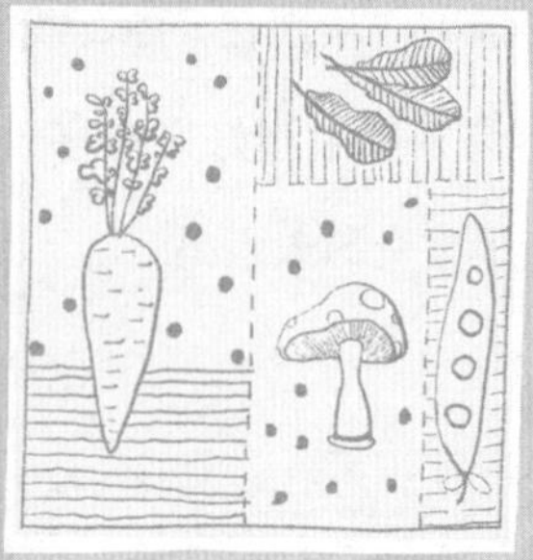

Chapter
②

爱吃是元气之源

想吃东西却不吃,是莫大的损失!
我独创的「别在意」健康法
回想战争时期,那些我最想吃的食物
……

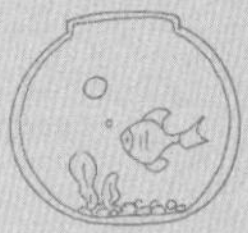

想吃东西却不吃，是莫大的损失

到了这把年纪还能独居，首要条件是我拥有健康的身体。70年前恍如昨日，第二次世界大战期间，电车、地铁几乎统统停驶，因此年轻的我经常需要走路。我猜，大概就是在那个时候，让我拥有了强健的身体吧。也可能我天生就身强体壮，不但至今没生过大病，战争时睡眠不足、拼命工作，也能存活下来，这一点绝对和我与生俱来的自信心有关。

战争期间，先夫古谷被征召入伍，白天我就在家里，美术评论家富永次郎先生时常过来探望。他好像问过我："吉泽啊，大家都没得吃了，你怎么也不会变瘦啊？是不是偷吃了什么好吃的呢？"我小时候的昵称是"娃娃"，因为体型像个圆滚滚的娃娃玩偶。虽然年纪大了之后，稍微变瘦了一点，但还是常被周遭的人喊"红豆面包"。依现代的审美观来看，被人说胖好像是种罪恶，但是我想稍微圆润些没关系，只要健康就好。

话虽如此，我并没有特别重视健康状况。数年前开始，我每个月会做一次检查。迈入70岁以后，为了爱护仍然需要工作的身体，我会每周做一次针灸。针灸师原本是位国学老师，是我在文学界的熟人，他自学中医，之后开业治病。自从这位针灸医生去世后，我改成每个月做两次指压。在维护老年的健康上，我也只做了这样程度的保养。

对我而言，所谓健康不光指身体能动，头脑也必须灵光。因此，我认为靠饮食摄取充足的营养最重要。一般人在日常生活中，只要每餐都能吃到日本人自古以来吃的食材就已足够。如果真要说有哪里不足，大概只有钙质吧，而这部分只要靠牛奶补充便可以了。

到了我现在这个年纪，由于不知道自己还能再吃几顿饭，因此吃不到想吃的东西，对我而言是一大损失。

我并非鼓励大家多吃高档、奢侈的食物，而是像炒面、拉面之类，常被列入 B 级美食的日常料理，如果现在想吃，就赶快去吃吧，千万别忍着！

记得在三月的某一天，我收到朋友从九州岛寄来的初笋，而当天的晚餐就是它。现在想想，多亏那几根初笋，让我在三月便能尝到春天的香气和美味。目前我很健康，但我不知道这样的状态还能维持多久，但与其为未知的将来惶惑不安，不如对目前拥有的生活心怀感激。我认为维持平凡的生活，才是最重要的。

我独创的"别在意"健康法

一般会特别关心健康的人，应该是即将退休的人吧？工作了这么些年，终于告一段落，为了拥有愉快的老年生活，开始关心自己的身体，倒也理所当然。

然而周围充斥着"不这么做的话，身体就会变差"的警告，如膝盖会痛、脚会不能走路、眼睛容易疲劳等。这些话听久了，原本认为自己还算健康的人，也不禁怀疑，说不定身体哪块儿出了问题。怪不得现在营养食品如此盛行，打开电视，也常常能看到许多和健康食品、运动器材相关的广告。

与其吃营养品，我反倒认为，自己能活到今天这个年纪，是因为我平时非常重视吃饭、喜欢做家务，全靠这些理所当然的生活方式。一味地听从别人"那样做比较好"，只会渐渐削弱自身的思考能力。所以说，年纪越大，不是越应该对自己的健康有主张吗？

虽然目前我没有什么重大疾病，但是随着年纪增长，身体逐渐僵硬，会出现各种变化，曾经也有过很不舒服的时候，如罹患带状疱疹、手腕抬不起来、肩膀酸痛、血压高、肌腱发炎、膝盖疼痛、脚痛等。但是我认为，这些是我身体透露出的信号，因此并没有刻意处理这些不适感，反倒是调整心态，与之和平共处。我想年纪大了，身体产生一些变化，乃是无法避免的，但这不是要大家忍耐，当疼痛难耐时，还是要接受治疗的。

我并非不会感到不安，只是不在意那些"健康至上"的金科玉律。这点或许与我的个性有关。我总认为，年纪大了，这儿疼、那儿痛，是理所当然的事，只要不是痛得特别厉害，自然不必过度在意。对我来说，"别在意"是很不错的健康法。

有时，只有自己才知道是否健康。健康有问题的人，即使周围的建议再多，若你自己没有意愿处理、光是听从他人意见，仍无法恢复健康。换句话说，能够帮助自己的，唯有自己。因此我只要稍微有点感冒，就会躺在床上睡觉；感觉双腿有些无力时，就会自己练习站立。我会这样自我勉励："只有你能帮助你自己。"这样的自我催眠非常有效，执行起来也特别有劲。

当我因为生活忙碌或偶有病痛而身心虚弱时，就会在脑中想象想吃的东西，美味的食物会有提振精神的功效。因此现阶段我最关心的，首推品尝美食。我会思考平时该怎么吃才好，怎么烹调才能让料理更美味，食材该怎么切才不会浪费，还有没有更美味的料理法。能打造健康身体的，首推营养均衡的食物。日常饮食如果马马虎虎，不论你吃多少号称有助健康的营养补充品，身体都不会活络，脑袋更无法灵活运作。

无论如何，至今我能有朝气地活着，都是因为有着雄厚的健康资本，因此在接下来的日子里，我还是会把品尝美味的食物摆在第一位。

回想战争时期，那些我最想吃的食物

身为吃货的我，在二战期间以及战后不久，曾经历了无粮可炊的窘况。那时我持续在日记上写下"现在我想吃的东西"，有种望梅止渴的效果。在那个动荡不安的年代，唯有食物能让我的心灵获得满足。

> 我现在最想吃炸虾，甜滋滋的白豆点心，刚出炉、还热腾腾的红豆面包，二十世纪梨，咬下去脆脆的、酸酸甜甜的苹果，新鲜的杏，麝香葡萄，夏蜜柑。也好想吃水煮鸡蛋。对了，还有鲔鱼握寿司，搭配寿司店提供的大杯大麦

菜，一口吞下肚。哎呀！不能再想下去了，肚子会饿……我得赶快去睡觉。

我从年轻时就爱吃，过去有段时间和妹妹一起住，当时都是我负责煮饭做菜。妹妹结婚之后，日本也进入战争时期，当时我和古谷的弟弟（纲正）以及另外两个同事四人同住[*]。包括煮饭、洗衣服、打扫，全部家务都由我负责。

有一次纲正带客人回来，对方送了我当时很难买到的肉、蛋、砂糖、食用油等食材。"哇，好开心！"我原本因战事而低迷的心情，陡然振奋起来，立刻到院子里摘了自己种的韭菜，和肉、蛋一起炒；煮了白米饭，又另外用蛋液煮了蛋花汤，汤中漂浮着花椒的嫩芽，再加上我平时就存着的奈良渍腌菜，大伙儿吃得相当尽兴。战争期间，我服务的公司常常举办宴会，当时每次都由我担任大厨。我曾在日记上写着，"昭和二十年（1945）

---

[*] 当时吉泽奶奶的丈夫已被征召入伍，两人尚未结婚，见第73~74页。

5月5日公司举办宴会,做了20人份的料理"。在那段食材缺乏的日子,我经常做以下的菜色:

> 今天有猪肉,想做成炸猪排,可惜手边没有面包粉。我从家里带了面粉来,先做成炸虾用的面皮,再加上鸡蛋,味道应该不错;唯独分量不太够,只好先切好分别盛放。我还另外用鲱鱼和咸鲑鱼做红烧鱼、醋味噌独活[*]、煮蜂斗菜、金平腌牛蒡、小芹菜拌白芝麻等,再用剩下的蔬菜、鲑鱼头和酒糟、芝麻等煮成砂锅鱼头。吃饭时虽然已经累得快睡着了,但我还是打起精神,好好品尝了这些精心制作的料理。煮菜真是开心。

在缺乏粮食的年代,做菜时必须格外花费心思和智慧,这很有意思。每次重读以前写的日记,总有这样的

---

[*] 独活,日本料理中使用的一种茼类植物,常做成凉拌小菜。

感受：啊，我还真是爱吃呢！

现在与战争时期不同，什么都不缺。但情况反而更惨，原因在于现代人过得太舒适了，总是把自己吃得十二分饱，然后再拼命减肥。倘若哪天地球发生灾变，原本输出粮食的国家如果把粮食都留在自己国家，日本该怎么办呢？大家不妨好好思考这个问题。

饮食原本就是充满智慧的生活文化，如何把良好的习惯传承下去，是非常重要的事。现在我家的庭院里，有3.3平方米左右的菜圃。也许是战争期间粮食缺乏对我的影响，每年我都会种菜，这实在是一件令人开心的事。夏天种小西红柿、小黄瓜、罗勒，秋天种小松菜、山茼蒿，我很享受收获时的喜悦。

保持属于自己的节奏

我家这房子由于长年居住习惯了,晚上即使摸黑不开灯也能行走自如。结果某天晚上,还真的不小心摔了个大跟斗。

事情是这样的,因为第二天要外出,当晚我把要带的东西收拾进行李包里,并放在餐桌边,然后我把这件事给忘了。当晚睡到半夜突然觉得口渴,我起身走向厨房,想喝事先泡好的茶,结果一个不小心绊到了那个行李包,猛地一个踉跄,整个人重重地趴在了地上。当时虽然感觉胸口有点异样的疼痛,但我并没有在意,爬起身来去喝茶,然后又躺回被窝继续睡觉。

到了第二天,那股疼痛变得越来越厉害,我的左手不太能动了,最后连右胸也疼痛起来。我这才意识到情况非同小可，于是立刻前往附近的医院就诊。那天刚好是院长的看诊日，他看了我一眼后，直截了当地说："看来是摔跤受伤。"院长接着解释，由于我的肩膀和胸骨都有裂痕，之后必须每周复诊。

等到疼痛的肩膀终于可以自由地转动时，已然过去三个月有余。那段时间我经常思考：幸好我对自己的要求不高，一个人生活的日常起居才不成问题。例如，因为受伤，吃饭时，我省略了摆放碗碟或用置筷架放筷子等动作，而是简单地把各种食材放进锅里，煮一锅大杂烩就成了。

尽管起初我是因为手部和胸口疼痛，而不得不偷懒，但时间一久竟也渐渐习惯了，反倒觉得这样的生活也挺轻松的。这次的经验也提供给我一个客观审视自己的机会：人类的饮食习惯是人类独有的行为，一旦失去了这层文化包裹，吃饭就和吃饲料没什么两样。而这样的生活文化应该不会轻易崩塌。

另外，我认为保持自己的节奏，这点十分重要。拿病痛当借口、没办法做事而偷懒，都不值得鼓励。所有的生物都有自己的节奏。我常观察庭院里的鸟儿，麻雀在地面啄食的模样，只见它们一个个动作敏捷，忙得不得了。特别是生性活泼的黄莺，它们完全沉不住气，明明才刚造访，便不肯多待一会儿，就急着越过矮树丛，飞到邻居的院子去了。不过，这也许就是鸟儿们独有的节奏吧。

人类也一样，不得不活在自己的节奏里。多亏这次受伤，让我有机会面对自己的（或许是我本性里固有的）懒散，很感谢这次经历，虽然真的有点痛，却也因此让我拥有各种有趣的体验。

俗话说，"病来如山倒，病去如抽丝"。身体需要花时间康复，因此我渐渐接受了无精打采的自己，这或许也是我的另一面吧。等病好了，再重新找回属于自己的节奏，恢复吃饭摆餐具的规矩吧。

笑，是每日最佳良药

前些日子，我接受生平第一次MRI（磁共振成像）检查。帮我诊断的医生是脑功能生理学家加藤俊德，他说："根据共振图像显示，您的大脑正在开心又活泼地工作呢，可以清楚地感受到满满的幸福。人们都是用五感在体会四季的变化，或是与他人碰面，并带着新鲜的惊奇和好奇心，倾听对方说话。人生在世的每一天不就是这样度过的吗？所以管理五感的大脑，才会这么有精神。"

原来是这样，怪不得我喜欢听别人说话、观察庭院的动植物、品尝美味的食物。不过，我通常不光是看而已，碰到感兴趣的事物，我也会翻书查资料、向他人请教。假如觉得某道料理特别好吃，我会想办法自己也做出一道来，并联络可能会喜欢这道料理的朋友来一同品尝。

大概从70岁开始，我体会到生活中的一切都非常有趣。有一次，我看到乌鸦在院子的松树上筑巢。看着看着，我忽然觉得：干脆来研究一下"乌鸦戏水"这个词儿吧。于是我问了野鸟协会的人，才得知乌鸦很爱干净，每天都会洗澡，只是它们洗澡的时间很短——原来如此，真是太有趣了。我反复玩味这个刚学到的新知识，对乌鸦的观察也变得更起劲了。

磁共振成像的体验也让我想到，如果科学继续发展下去，说不定以后连人类细微的感情变化，也可以用机器读取呢。这样会给人类社会带来怎样的结果呢？我有好一阵子都沉溺在这样的胡思乱想中。

即使我现在身体健康，但也不能保证未来何时会发生什么事。有些人每天都在意自己的身体状况，总觉得早上起床时哪里痛、今天脚好像怪怪的，我却从不介意这些细枝末节。还记得有一次，我和镰田实医生谈话，他说，每天快乐地生活，身体会释放激素，就能保持健康。正好我属于不拘小节的类型，只求天天开心就好。

每个人都只能活一次，与其老了以后愁眉苦脸地过活，不如每天笑嘻嘻地面对一切，这就是每日最佳良药。我想，只要心情愉快，日子也会变得有趣吧。从今天起，我要尽情欣赏落日余晖，细细观察院子里的鸟儿和偶尔闯进来的狸猫。

每天都要好好吃饭

我是那种早上起床,第一件事就先想"今天要吃什么"的吃货。结婚之后,总是有许多宾客登门造访,为此我得随时准备好数道菜肴上桌。那时,光是伙食费和交通费,就已经把我们夫妻俩的薪水花得精光。不过我现在一个人生活,餐桌上依旧每天有鱼、有肉、有青菜,一点也不马虎,而且我绝不浪费,全部吃光光。

或许有的人不习惯只为自己一个人做菜,但换个角度来看,想吃的东西本来就该自己做。正是因为想吃,才会唤起想亲手料理的欲望。为此,你得先决定想吃什么。一个人吃饭,当然不会摆上满桌子的菜。不过我会一次准备几道重口味、便于冷冻保存的食物,然后未来几天只需料理简单的菜肴就好,不会花太多时间。

虽说是简单的菜肴，并不是指牛排、生鱼片这类高单价的食物，而是新鲜的蔬菜，尤其我经常收到从乡下寄来的果蔬，得趁新鲜烹煮才是。我喜欢设计菜单，也会思考该怎么料理才能充分利用食材而不浪费。然后，菜肴的影像便渐渐浮现在脑海中，我的内心也会因此兴奋不已。

饮食是支撑生命的根源，我一向慎重对待。如果只是随随便便地乱煮、囫囵吞枣地乱吃，最后只会伤害自己。近年经济不景气，听说有些家庭已开始削减伙食费。但有没有办法，动动脑想一些不花钱又好吃的料理呢？妥善利用当季盛产的食材，偶尔清理冰箱存货，不浪费任何食材，是非常快乐的事。尽管生活忙碌，但有空时，我会先做一些小菜储备起来。

我想，为了家人、为了自己，多花点心思是应该的。我对食物的想法是"做喜欢的料理，维持生命，让身体健康、快乐"，因此必须认真面对每日饮食才行。

过去我和家人一起生活时，每天都必须要开火。一个人独居以后，一开始大约有半年的时间，我都没进厨房做菜。可能是因为过去为了家人，我每天长时间一个人在厨房里做菜，现在突然清闲下来，难免有点逆反心理吧。

独居半年后，我突然强烈怀念起过去餐桌上摆放的那些私房料理——通心粉沙拉、煎蛋卷、柿子白魔芋酱糊等简单的家常菜，因为都是自己喜欢的口味，所以感觉格外好吃。于是，我开始为自己下厨。

就算不是一个人独居，想为家人煮出色香味俱全的料理，也需要创意及想象力。从想菜单、洗菜、切菜、先汆烫再炒，每一道工序都必须动脑。因此我常说，世界上没有比做家务，更能让身体和头脑运作自如、保持年轻的方法了。

吃货的好奇心没有极限！其他的家务也许可以偷懒，但煮饭绝对没有妥协的空间，我希望每天都能好好吃饭，永远保持头脑灵活和心情舒畅。

吉泽家的料理基本配备

美味的酱汁怎么做

好不容易煮了道菜,当然得够美味才行。对我而言,一道料理是否美味取决于酱汁。可能有人会说:"我知道啊,但要调出可口的酱汁实在好难。"其实,只要掌握诀窍就简单了。

我家私房酱汁的基本素材是昆布。首先,把昆布切成 10 厘米左右的大小,放进保鲜袋中。至于鲣鱼块,直接买真空包装的就可以。接着取一个大锅,放 2 升的水,取出两片昆布块,浸泡 2～3 小时后开小火炖煮。等昆布的甜味煮出来后,再放入 40 克鲣鱼块,然后关火。等鲣鱼块吸饱了汤汁沉到锅底,再取一个小竹篮,铺上厨房纸巾，捞出锅内的残渣即可。

做好的酱汁可以分装至小保鲜袋中，并放进冰箱冷藏，要用的时候再取出。如果想保存得久一点，可以将分装后的小袋冷冻起来。

新鲜蔬菜怎么煮

怎样才能不浪费新鲜蔬菜是门大学问。蔬菜就算放进冷藏室，时间久了还是会冻伤，必须尽快吃掉。我建议大家把卷心菜上下对切，上半部分的菜叶切细丝，做凉拌卷心菜或沙拉（食谱见第 181 页）；下半部分靠近根茎的部位，可用来炒、煮汤、炒面或做成腌渍品等。

假如冰箱冷藏室里的蔬菜只剩一点点，可以拿来做铁火味噌。做法如下：把牛蒡、胡萝卜、莲藕等根茎类蔬菜切丝后用油炒，再加味噌和砂糖，直到食材炒干。这是道好吃的常备菜，非常下饭。另外，在西红柿盛产的季节，也可以买熟透了的西红柿将其做成西红柿酱（食谱见第 189 页）。

常备菜的保存智慧

蔬菜先氽烫后再放进冰箱,便能保存数日。例如,把新鲜的菊花放进加了醋的热水烫一下,再快速捞起、沥干后冷冻,就可以长期保鲜。

此外,新鲜香菇直接切片后冷冻,烹煮时放几片到沸腾的水里,香菇就会膨胀起来;豆腐先烫过后也能保存数日。料理时加点酒也是一种保存方法,例如,炒鸡肉做得太多了,第二天倒一点酒,再回锅炒一下就可以吃了,即使要再次冷藏,也不容易腐坏。

如果你打算一个人独居,或是组成两人生活的小家庭,请务必记住这些家庭常备菜的基本料理小妙招。

那些忘不了的回忆之味

美味的炸年糕

小时候我最期待过年,那几天总是非常快乐。孩子们可以穿上漂亮的衣服、收压岁钱、踢羽毛毽子,成天玩耍也不会挨骂。平时没什么好东西可吃,但过年的时候总是每顿饭都吃大餐,其中就包括了我最爱的炸年糕。但我绝对不吃那些供奉过厕所之神的年糕——尽管炸过之后非常美味,但带有厕所味的食物总是让人感觉怪怪的。

因为家境的关系,小时候我见过的食物并不多,直到工作以后,才知道世上有这么多好吃的美味料理。记得有一次在某家日本料理店吃过一道料理——上面放了萝卜泥的炸年糕。那时我才知道原来年糕还有这样的吃法，心中暗自希望以后每天都能吃到。反观现代人有太多种类的食物可选，反而很难明确说出想吃的东西了，实在有点可惜。

中国的白菜砂锅

我会认识这道料理，是在某个寒冬的夜晚，那是很久以前的事了。当时我白天上班做速记工作，晚上则去营养学校上课，教室里没有暖炉。

我很认真地在营养学校学习、实操。如果问我最喜欢课程的哪部分，我绝对会回答"实操阶段"，因为我们会亲自烹煮各种食物，完成后大家一起享用。

有一天中国菜教学课中教做白菜砂锅，老师是位中国人。老师教我们这道菜，作为了解中国砂锅的入门课程。我这才见识到白菜砂锅的精髓：鸡蛋饼。老师把蛋打散，沿着锅边淋浇蛋汁，做成薄薄的蛋饼，高超的技术让我莫名感动，回家后我也很想挑战这道料理，偏偏当时正值战争期间，到处都买不到鸡蛋，只好作罢。

寒冬时教室里没有暖炉，幸好还能品尝到好吃的白菜砂锅。我还记得当时由于使用铝碗盛装，太烫端不住，为此还特地戴上了手套隔热呢。

格外好吃的独活皮金平煮

不记得是谁跟我说的这个故事，在祖母带我拜访寺庙住持的记忆中，出现了独活这种食材。当时可能是在办什么法事吧，大房间里挤满了人，每个人面前摆着一小碟菜。当时寺庙没有准备给小孩子吃的食物，我只依稀记得，自己从祖母的碗中，抓起一个长得像白色棒子的东西放进嘴里（可能是独活甘味煮），但好像吃到一半觉得超级苦，就把它给吐了出来。

从此之后我就再也不敢吃独活了。战争期间的东京，如果能在市面上买到独活，已经是谢天谢地了，所以我花了很大的功夫，只为了把独活煮得好吃一点。独活皮硬，如果不多削去一些皮就很难入口，所以每次料理后都会剩下一大堆独活皮。我不想浪费,便用少许油做金平煮[*],竟然美味得让人惊讶。这个意外的发现,即使到了几十年以后的今天,独活皮金平煮依旧稳坐我"绝不浪费食材之美味料理"排行榜的第一名。

现炸的猪排

夏天的时候白天变长,晚餐就准备得晚了些。在这样的季节,一旦肚子饿,立刻想吃的食物就是炸猪排。小时候我很难有机会吃到炸猪排,因为油炸东西需要高温热油,是很奢侈的料理。为了省这笔钱,我会到猪肉店,直接购买炸好的猪排和可乐饼当小菜。

当时买猪排是我的工作,我会拿着名为"西洋盘"的器皿,装入炸猪排和切碎的卷心菜,并用布巾包好后拿回家,一路上还得小心翼翼,生怕翻倒。这份采购的

---

[*] 以酱油、味醂、料理酒和糖等煮根茎类蔬菜。

工作对小学生来说相当困难，但当时的我只要一想到待会儿就能大快朵颐，就会特别开心，并加倍努力护其周全，把食物带回家。

猪排虽薄，但淋上满满的酱汁后，就可以让我连续吃好几碗白米饭。当时使用的酱汁大概是辣酱油吧，淋上去之后，猪排瞬间就多了点儿西洋风味。

每次大人吩咐我这项差事，我都会开心得一手抱着布巾和盘子，一手握着钱，手舞足蹈地直奔猪肉店。即使到了现在，我在家仍然很少亲自炸猪排或天妇罗，想吃的时候到店里买就好，既轻松又开心。

分送美味，分享福气

我总觉得自己实在很幸运，经常收到朋友们从日本各地寄来的美味食物。由于我自己一个人住，东西多得吃不完时，就需要"分享福气"。

日本人喜欢把收到的礼物转送给别人，叫作"分菜尾"。某位很疼爱先夫古谷的伯母教我，与其说这是"分菜尾"，不如说这是"分享福气"*。

我虽然不住在老家，好在现代社会邮购发达，即使没能亲自搭车返乡，也能轻松享受到故乡的特产，或是各种令我难忘的美味佳肴。邮购丰富了我的生活，也是

---

* 在日文中，将礼物转送给他人"分享福气"的用法，也较适用于职场中的晋升者。

我平常的乐趣之一，能够把"对啦，我就是想买这个"*自己中意的物品，分送给住在全国各地的朋友们，这份喜悦让我感到非常快乐、开心。

---

* 吉泽奶奶最爱订购的食材与点心，见第 201 页附录二。

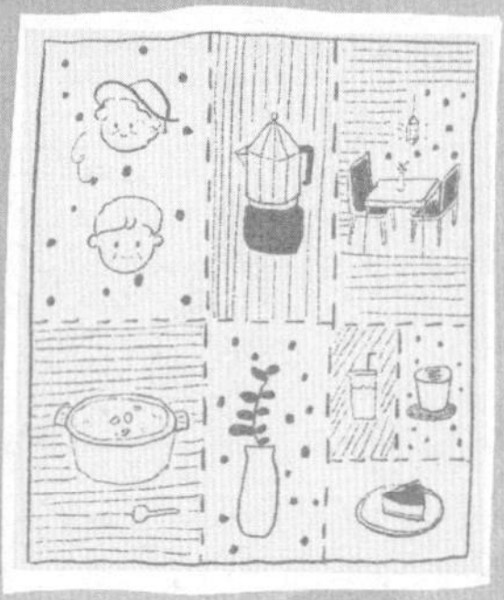

Chapter 3

不依赖的生活哲学

女人都该有自己的事业
早早就萌芽的自立心
一技在身,加速了我的经济独立
……

女人都该有自己的事业

55～65岁的这段时间，我一边照顾丧偶的婆婆，一边打理先生的生活起居（先夫古谷超级难伺候），一肩扛起主妇的责任。我负责三人之家的一切饮食起居，每天都是"这件事非做不可、那件事不做不行"地像个陀螺一样转个不停。尽管当时非常辛苦，但我从未考虑过辞职做全职太太，仍持续在外工作。

由于没有多余的时间，我只接当天就能做完回家的工作，那些必须出差外宿的业务只好推掉。我坚持扮演职业妇女，除了可以补贴家用，更是因为不想辞去"属于自己的工作"，我认为女人都该有自己的事业（当然家务除外）。

后来二战期间，我被迫失去了正式工作（但仍挂名于某教科书出版社，并零星接速记外包工作），为了多学习家庭主妇的技能，我到乡下听阿婆们谈教养和生活的智慧。当时我请教了一位曾是村长太太、生活富裕的妇人有关养鸡的事，她说："养鸡是我零用钱的来源。"

她指的是卖蛋所得，这笔小小的收入成了她的私房钱。据说尽管贵为村长太太，她仍无法随心所欲地花钱，如果有想买的东西，就得向丈夫伸手要钱。这是当时一般妇女的生活方式，否则你就得花心思另外开发收入来源。当时和现在不同，并没有主妇兼职这样的工作。

听完这位村长太太的故事后，我便下定决心，自己一定要持续工作不可。那些村中阿婆们教导我的，以及我后来在各种场合上习得的生活智慧，成为我婚后继续工作的莫大助力。

早早就萌芽的自立心

大概15岁初中毕业以后，我便开始工作了。那是昭和七年、昭和八年（1932、1933）的事了。父母在我出生后没多久就离婚了，父亲因为工作的关系搬去了北海道，我和母亲一起住在东京。可是，我十分讨厌母亲的依赖性，因为尽管她已经离了婚，经济上仍不得不仰赖父亲的照顾，我非常不希望自己将来成为和母亲一样的女人。

现在回想起来，当时的日本，几乎没有适合女性工作的场所。女人能做的不过就是电话接线员、老师、护理师、办事员。我虽然了解家庭主妇不太可能立即投入职场，但年幼的我仍无法接受母亲什么都不做，所以下定决心自己一定要早早开始工作。换句话说，不光是实际行动，我精神层面上的独立，可能还要更早。

当时经由亲戚朋友介绍，我到时事新报社附设的基金会上班。这是社长武藤山治成立的协会，工作内容是分配便当给营养不良的儿童，以及资助10名上职业高中的学生的学费。基金会里，有曾任原铁道院事务次官、战后担任日本出版协会会长的石井满先生，另一位办事员和我，一共3个人。这是我人生中的第一份工作。

石井先生是《新渡户稻造传》《雄伟的建设——主妇之友社社长石川武美先生的信念与事业》的作者。当他写稿时，我会帮忙做些校对工作。后来他问我："你要不要去学速记？"我听了他的建议，下班以后到饭田桥附近的学校上课学习，除了速记之外，我还学了许多工作上能派上用场的技能。

现在回想起来，石井先生的建议开辟了我日后独立自主的大道。假如我从头到尾都待在时事新报社，很可能一辈子都只能做办事员。然而，因为我有了速记这项一技之长，终于能不靠父母资助、独立生活，日后的人生也出现了重大的转变。

一技在身，加速了我的经济独立

大约1935年时，我开始担任速记员。那个时代，上班的女性非常少；而拥有专业能力、活跃于职场的女性，更是凤毛麟角。当我学会速记之后，石井先生同意我另外接工作，也就是处理基金会以外的工作。于是我开始接一些外包的速记工作，例如，石井先生的口述笔记，整理其他地方的座谈会、演讲稿等。

除此之外，当时的我还以时事新报社基金会的职员身份，分配便当给营养不良的儿童，一旦收入增加，自立之道也就越发宽广。由于我想早点脱离母亲的羽翼，自立之心如此强烈，基金会给的薪水加上外包速记的收入，我终于有了一些经济基础。那时，我的身心都迈向了独立。

我当时正值青春期，除了乐于工作，也对其他很多事都感兴趣，例如，参加国际讲习会、出版写诗的同人志，浑身散发着青春的能量。那时候，我认识了一位国际讲习会的同学，他是医科学生，我们已发展到谈婚论嫁的地步，我也想与他携手共度未来。然而，他毕业后入伍当军医，两年后病死战场。年纪轻轻就去世的他虽然没留下什么成就，但我突然觉得自己有义务替他继续努力下去。

我认为自己应该可以学习营养学，替预防医学的研究贡献一份心力，于是我进了营养学校读书。战争期间，营养学校纷纷设立（或许是为了培养成为伙房兵的人手吧），我进入东京营养学院，并利用那里的实操机会开始学习做菜。

多亏长年外包速记工作的酬劳，我还缴得起学费。于是我开始了白天学习、晚上勤做速记工作的生活，拼命地攻读营养学。

在战败的街头想着：我得好好工作

1941年，美国宣布加入二战之后，整个日本都开始受到战争的强烈影响。就在那时候，我认识了先夫古谷（我们于1951年结婚）。当初古谷为了准备第一次演讲时用的讲义，想做一份口述笔记，因此通过朋友，拜托我做速记工作。借着这个机缘，我从古谷那里陆续接了各式各样的外包速记。当时我一边在时事新报社基金会上班，一边在外面接速记工作。

之后，我辞去干了10年的时事新报社基金会工作，成为全职的独立接案速记员，但仍幸运地在某家专门出版铁路教科书的公司挂名。在这里要向各位说明一下，当时如果是自由接案者，没有正式上班的地点、不隶属哪家公司、没有职称，也不是谁的太太（这点当然是针对女性），就会被动员至军需工厂工作。我因为有着丰富的速记经验，该出版社同意让我依附其下，尽管每天正常上下班，实际上我仍以自由接案为主。

1944年，古谷接到军队的召集令，但他在东京杉并区[*]的家不能空着，于是当时俨然已是他秘书的我，只得住进那间屋子里，以管家的身份替他看家。

起初只有我一个人住，后来古谷的弟弟纲正和两位同事，因为宿舍被烧毁，也搬进来与我同住，就这样变成四人共同生活。1945年3月9日的晚上，一直到第二天，发生了东京大空袭。我在日记里写道：

> 今天是空袭后第二天。我离开家要去上班，到了车站才发现地铁已停驶。只好改搭都电^{**}，好不容易上车后，我来到了新宿。由于山

---

* 位于东京都西部，紧邻新宿及中野区。
** 路面电车。

> 手线仍在行驶。我原本打算进新宿站，不料车站大门紧闭。后来我拿出了月票，才终于得以进入，幸运地发现中央线也在行驶。我在那里等了好久，都电终于来了。上车之后一路走走停停，花了好长一段时间才抵达神田区*须田町。我爬上公司屋顶，眺望着昨夜城市被烧毁的残迹。

那年我27岁。太平洋战争逐渐加剧，我仍留在生活极度不易的东京，继续照料着三位室友、所有家务全部由我承担的同时，我仍待在公司，以速记员的身份上班。接着，到了最关键的8月15日，昭和天皇宣布无条件投降。我在街头听广播，也把当时的情景记录了下来。

> 路边突然传来快报，大街上的人全都驻足聆听天皇宣布投降的广播。人们沉默低头，街

---

* 现在的千代田区。

上瞬间一片肃静,万般思绪涌上心头。玉音一字一句地打入心底,我听着听着,不知不觉泪流满面。今后要努力,无论如何,都必须认真生活!让日本人彼此不再争斗。我在心中默默地对自己说:绝对要好好工作!

婚后开始的专栏连载

我一边做着速记的工作，一边担任战后复员*的古谷的秘书。32岁时，我和古谷结婚。古谷大我10岁。在他心中我大概比较接近"女性评论家"的角色，他对我并没有热烈的爱恋。如果真要说古谷为何愿意和我结婚，可能是觉得有我在身边，对他的生活及工作等各方面都有帮助吧。

结婚以后，我仍继续做着速记工作。出乎意料的是，有好几位来家里拜访的客人，在吃过我煮的菜之后，纷纷央求："你做的菜很好吃，可以针对做菜写些心得

---

* 由战时状态恢复为平时状态。即战后动员军队人员转入各行各业，恢复平民生活。

吗？"因此我在《名古屋时报》首次尝试开辟专栏。

我的原生家庭并不算富裕，进入社会后做的也不是能赚大钱的工作，因此若有想吃的东西，碍于经济因素，有时不一定能吃得尽兴。偏偏我还是个特别爱吃的人，又刚好对做菜有兴趣，没钱下馆子时，只好自己试着动手做，因此料理渐渐越做越好。

慢慢地，我在报刊上有了知名度，还成了电视料理节目的主持人。当时还没有人做过这样的事，因此我索性将其列为"属于自己的工作"之一。我的工作从原本的速记，变成撰稿人。有位在东京日日新闻社上班的朋友建议我，连载专栏内容不要只局限于料理，也可以谈谈有关家务的内容。在日本，想在报刊上开专栏，通常都得有个响亮的头衔，于是他们给了我"家务评论家"的称号。

既然全部的家务事都想谈，我不得不下点功夫自我精进，我从与先夫古谷的生活中，总结出了许多妙招。例如，那时还不流行买画，我看着空空如也的墙壁，想挂点什么，便直接剪下世界名画画册《泰西名画》中的内页，用胶带贴在墙壁上；打扫时，我会同时把几条抹布一起放进水中浸湿、拧干，如此一来，我就能轮流替换着擦拭家具，既干净又有效率。

　　从日常生活中学到的小妙招，就这样一篇一篇地化为我专栏中的文章。

重返校园，只因超想学习

  我和古谷两人白天都要上班工作，但身为妻子的我还得操持所有家务。因为时间不够用，我不时得动脑筋思考，怎样才能把家务做得又快又好，这是很重要的一件事。另外，古谷经常会带认识的年轻人回家，我还得抽空为这些人烧饭、煮菜。

  直到有一天，我忽然察觉，这些累积的经验，好像都只是我写作的素材，除了登载出来之外，我其实什么也没留下来。如果不再去学点新的知识，将这些实操经验进行整合，恐怕不久之后我就要黔驴技穷了。就是在那一刻起，我产生了非学点新知识不可的想法，心中渴求着寻找一个可以学习新知识的地方。

虽然一直很想自立，但身为家庭主妇，操持家务占据了我大量的时间，渐渐地，我的日常生活只剩例行公事，原本兴高采烈的工作充实感日益减少，或许我体内那个想要自立的自我就快崩溃了吧。

当时正好我在电台节目中得到一个与著名的随笔家户川埃玛女士交谈的机会。她建议我："不如你到文化学院*上课吧。"并立刻介绍学院创办人西村伊作与我认识。

我和西村先生碰面时，他问我："你一个星期看几次电影？"我回答："我根本没时间看电影。"因为家务实在太多了。西村先生又说："假如你想看电影，就来上课吧。"就这样，我在工作和家务间尽量抽出时间，花了两年的时间聆听许多老师的教诲、把握每一次学习的机会，终于让心灵获得了满足，并重新体会到"主妇的工作"与"属于自己的工作"之间，原来是可以取得平衡的。

---

* 位于东京墨田区，创立于1921年。

需要独处时，
我这样转换心情

先后送走婆婆光子和先夫古谷之后，我于65岁起独自生活，当时有种异样的解放和轻松感。过去我总称呼先夫为"封建派的女性主义者"。尽管他主张女性应该拥有自己的事业，但他在家里却连一杯水也不会自己倒，生活起居全靠他人伺候。

例如，有一次古谷从外地出差回家，提起在别人家里吃柿子的事。他说："人家家里的柿子里竟然有籽耶！真是不可思议！"这是因为我在家里切柿子时，都会仔细地替他把籽挑掉，所以他认为柿子原本就是没有籽的水果。

古谷晚年时，甚至还对我说："白衬衫上浆后穿起来硬邦邦的，真是讨厌。你以后在家里洗就好，别拿出去给人烫了。"于是我让他改穿没有上浆的衬衫。结果有一次他出去喝酒回来，竟又向我抱怨，说自己被朋友取笑："古谷，你是因为太太出去上班没人熨衣服，衬衫才皱巴巴的吗？"还不是因为他先说想穿没上浆的衬衫，我才特意省略这个步骤的。于是我不甘示弱地回他："不是你自己说想穿没上浆、比较柔软的衬衫吗？"

古谷从小就在有专人照顾、教育完善的环境中长大，不论谁给了他什么好处、替他做了些什么，他都认为那是理所当然的。然而，这样任性的丈夫，在那个女性很少上班的年代，仍坚持"女人都该有自己的事业"，这一点让我万分感激。

我的生活在家务与工作交替中继续着，不论在外面或是家里，都很难找到独处的时间。我每天一大早就出门上班，刚回到家就有家务在等着我。因此我几乎没有时间思考自己的事业，每天都在忙碌中度过。

当我真的很想独处时，下班后就会漫无目的地搭乘电车或公共汽车到处闲逛，刻意晚2～3小时再回家。这样的情况发生过好几次。光是坐公共汽车望着窗外，我就能转换心情，重新整理自己的思绪。直到我独居之前，都是以这样的方式一边和自己相处，一边辛勤地服侍丈夫和婆婆。

退休之后，人生还长得很呢

我从 65 岁起独居，拥有了许多独立思考的时间。在这之前，我的工作除了饮食起居，还包括家里所有大大小小的事。独居之后，我在《朝日新闻》连载《老年思想准备》，成了我人生的一大转机。

这个专栏的主旨是：在这个高龄化的时代，我想和大家一起思考，该怎么看待老年生活？包括老年人的日常起居、种种关于老年女性的议题等。开始连载这个专栏后，有关散文、演讲之类的工作邀约也跟着增加了。

65 岁，以现在的社会来说，适逢退休年龄，结束职场生活、重返家中面对自己的老年生活。仔细算起来，今年 100 岁的我，已经持续了 35 年的老年生活了，我最大的感悟便是，退休后的日子，出乎意料的漫长。

常听人提起，男士在退休之后，生活重心会转移到照顾孙辈身上，每天热心地接送孙子孙女去幼儿园。我本身没有生育，自然也没有孙子孙女，但我知道小孩非常可爱，也有想疼爱、买礼物送他们的心情。但可能是因为身份自由，我不禁又回过头来思考，如果珍贵的老年岁月，每一天都被孙子孙女占满，最后会变成什么样子？

孙子孙女很快就会长大，他们终究会脱离（祖）父母的羽翼，并无可避免地做出许多违背大人期望的行为。与其这样，何不趁着60多岁还精力充沛时，重新思考自己今后的人生方向呢？由于男性长期在公司上班，已经不习惯做家务了（很多人甚至完全没做过）。我了解他们也想对家庭有所贡献，但如果不改变思维、采取行动，这样下去恐怕也不是长久之计。

盲目宠孙、每天晚上都和朋友去喝一杯，以舒适、安逸度日，也许日子一久，就会逐渐放弃自己。大家不妨试着自问自答，过度溺爱孙子孙女究竟有何意义？人生并不会因为退休而结束，未来还长得很呢！

"不依赖"是我的人生信条

独居生活里的一切事务,都必须由我自己决定。所以,我想尽可能地不依赖他人。当然,我的日常起居仍有许多亲朋好友相助。

我在前面也提过,独居的好处在于不必顾虑他人,早上不想起床的话,想睡到几点都是你的自由。不过我会打起精神,就算不想起床,还是在固定的时间起床,充分活动身体。因为我怕假如不勉强自己,身体可能就会慢慢动不了。

一个人独居,早上没有人叫你起床。就连起身这种小事,也必须一边做动作,一边仔细确认身体各部位有无异常。同时我也在脑中盘算着,像这样每天固定时间起床,会不会太勉强自己了呢?

所谓依赖别人，是指什么事都靠别人去做。你现在依赖的人，假如能够永远陪在身边固然很好，但人生无常，他有没有可能明天就不在了呢？如果真的变成这样，你有办法独立自主吗？因此我认为，随时做好最坏打算、不依赖他人而活，才是正确的人生观。

此外，随着年纪增长，往往会越来越纵容自己。例如，上了年纪之后，会渐渐容许家里乱七八糟、杂物堆积如山，最后连个立足之处都没有。这样的情况都是因为年纪大了，不但别人不再要求，自己也过度放纵的缘故。对我而言，这种放宽尺度的做法其实很恐怖。因此我随时提醒自己，即使年纪大了也要自立自强，绝不过度依赖。

其实，任何人给你帮助（不论是否出于自愿），不但会造成你身心上的负担，也会给对方添麻烦。例如，过去我曾经为了预防万一，而多配了一把家里的钥匙放在某人家里。有一天，那个人突然无声无息地走进我家，进屋就问我："你还好吗？我刚刚一直敲门都没人回应，我很担心你是不是出了什么事。"听到他这样说，我也吓了一跳，自己居然熟睡到浑然不知。我想，作为对人的礼仪，就算年纪大了，每天也要好好地生活。

由于我住的这一带只有我一个人是独居，街坊邻居都很照顾我。正因为这份感念，我时时提醒自己更要小心，别给他人添麻烦。人到了60岁，很有可能与长期生活的家人分开，独自过活（不论孩子自立门户或晚年丧偶）。即使现在很幸运地仍与家人为伴，内心也必须做好任何时候，都能快乐地迎接独居生活的准备。

另外，我建议大家趁早决定，哪些事你还能做，哪些事你办不到了，然后早点放手，并每天思考，剩下的精力可以用来做些什么。

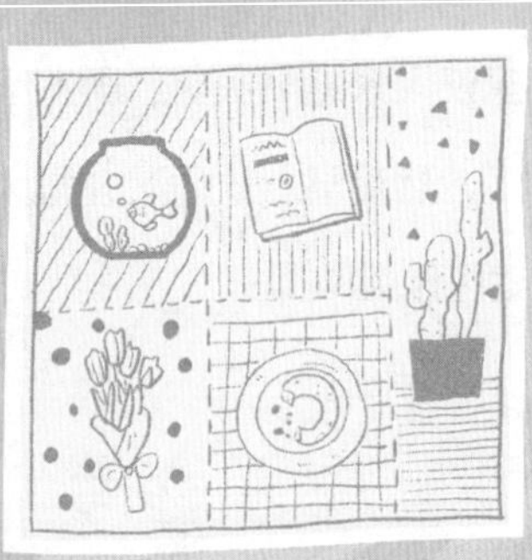

Chapter 4

对未来做好思想准备

肩周炎教我的事
与孤独同行——婆婆光子的老年典范
哪怕是80岁,也要有学习的心
……

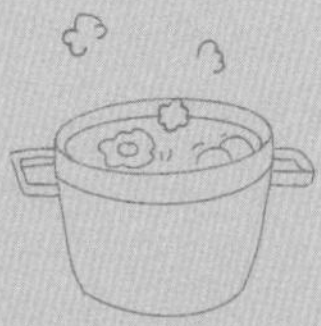

肩周炎教我的事

我 60 岁时（这已是 30 多年前的事了呢），某家杂志社对外征文，主题是"我这样设计老年生活"。当时我受邀担任评审，有机会读到许多人的"老年生活蓝图"。其中给我留下深刻印象的是，大家都用兴奋不已的语气，开心地描述即将到来的老年生活，在我看来，几乎每个人都想拥有一个明亮、橘色的灿烂未来。

我当然不认为老年生活会是浪漫的粉红色，但至少我绝不会让自己的未来变成绝望的灰色。为了避免走到这般田地，最重要的就是不论明天、后天……每天都要认真地生活。如果要把这样的积极态度用颜色来概括，大多数人都认为是橘色。

当时投稿至杂志的读者，年龄大多在45～55岁之间，也就是至少还可以再活三四十年。40～50岁这个年龄层，不论体力或精力都很充沛，也不会感觉自己已经步入老年了。因此，能够通过文字，以当时充沛的体力、精力想象自己的老年生活，应该是他们最开心的事吧？

当年已经60多岁的我，老实说，也悄悄地在心里期望，自己的老年生活能是明亮的橘色（因为我和这些读者其实也没差多少岁）。我和大家一样，也在不断思考自己的老年生活会是什么样子。

年纪大了以后，空闲的时间必然会变多，如此一来，就有许多机会好好处理过去因为忙碌而耽搁的众多事情。我想做的事不是一大堆，而是堆积如山，因此我相信，老年生活绝对不会无聊。例如，和好朋友一起旅行，把年轻人聚集起来由我亲自教大家做菜，和同为吃货的伙伴一起边走边吃，挑战不擅长的缝纫等女红，这些愿望都需要充足的体力和精力才能完成。

那时，我真的还没切实地感觉自己年老了。但实际上，我第一次怀疑自己是不是老了的瞬间，早在迈入50岁时就发生过了。那时我得了肩周炎，无法自由地穿脱毛衣，拿不到高处的东西，打扫起来更是格外吃力。肩周炎这件事，让我再也无法否认自己上了年纪，为此我十分愕然。

现在回想起来，肩周炎等于预告了年老必然来到。我将面临体力与精力衰退，以及伴随着失能的老年，这一切都逼着我，必须改变原先的计划。换句话说，肩周炎教我的是，设计老年生活时，也必须把"万一失去健康"这个要素考虑进去。由于腰和腿不再灵活、身体行动不便，但又不得不拖着虚弱的身子继续过活……如此一来，原本充满明亮橘色的老年生活，就会渐渐染上绝望的灰色。

因此，我想以开朗、不失去自我的态度，度过独居晚年。同时我也注意到，如果真的等老了之后才开始老年计划实在太晚，因为老化的头脑很难接受新知，还要花更多时间才跟得上时代的脚步。我也认为，如果在

"老了以后也要做的事"里，设定了要与丈夫、朋友一起完成，就得同时做好"到时候会发生什么事很难说"的心理准备（也就是原本预设会陪你一起完成的人，届时可能已不在身边）。

幸好当时肩周炎并不严重，很快就痊愈了，但多亏这次经历，我开始更认真、实际地面对老年生活。

与孤独同行——
婆婆光子的老年典范

1963年,我和婆婆光子同住,那年光子76岁,我则是45岁。我之所以邀请她搬过来,是因为一个月前公公走了,只剩婆婆一个人。

当初提出邀约时,婆婆的回应是:"你们有这份孝心我当然很高兴。我本来打算剩我一个人的时候去住养老院,因此还存了不少钱。我过去曾经抛家弃子,说什么也不能让孩子养我。我可以自己去养老院住,你们不用担心。"

我实在不忍让婆婆一个人孤独终老,于是我接着问她,入养老院之后打算做些什么?她回答:"过去我一直围着家务转,以后有时间的话,我想做一些自己想做的事，例如，练字、学习。"

如果只是这样，和我们一起住也能完成这个心愿。当时我对76岁的光子展现出的态度深感佩服。同时，我也想起自己的母亲，从我懂事起，她就一直想依靠我，被这样的母亲纠缠了一辈子，实在是个沉重的负担。

就这样，我们开始了愉快、温馨的同居生活。然而光子因为老伴过世，内心深处仍不免觉得寂寞、辛酸，这个心里的大洞，我们无论如何也填不满。

话虽如此，我从不曾听光子抱怨过寂寞。我望着光子的身影，突然涌起一股勇气，心中暗自祈祷：以后不论发生任何事，我也要一个人开心地生活。就算老了以后必须与孤独同行，我也要像婆婆那样，怀着向前看的心情，笑着度过每一天。

在我迈向老年的人生旅途上，很幸运地遇上光子这样的前辈，为我指出一条明路。大概就是在那时候，日本开始面对过去未曾经历过的社会高龄化，以及随之衍生而来的看护问题，不得不认真思考解决之道。

我和先夫古谷决定在院子的一角盖一间小屋，当作光子的住处。小屋里有厕所、洗水槽、小型冰箱及冷暖气设备。光子很喜欢这个可以随她高兴自由进出，并且保有私人空间的独立型住宅。她像一个人生活似的，每天都精神抖擞。

光子很喜欢园艺，她会种种花草、修剪庭木，还弄了水槽养热带鱼。我想，大概就是因为照顾这些生物，调剂了光子老年的身心，也让她充沛的爱有了寄托。

哪怕是80岁，也要有学习的心

先夫古谷总认为：老了以后最重要的，就是不断地学习，和社会保持联系。也必须思考"我现在对谁有帮助"，并以此作为人生的方向。

那时婆婆光子大概80岁，古谷劝她不妨利用英语才能，找到老了以后的人生方向。光子曾是外交官夫人，过去长年生活在国外，拥有深厚的英语能力。

"我这把年纪了还教英文？会不会不太妥当呢？"光子有些迟疑，但她也想趁着自己还健康时再多做些什么。于是她在家里开办了英语教室。

她的第一位学生是和我们很要好的朋友的女儿。光子曾在欧美生活过，精通社交、日常的各种礼仪。她的英语教室不只教授会话，也传授许多欧美文化的相关事宜。由于课程深获学生喜爱，通过口口相传，英语教室的学生越来越多。到后来光子也开始了进修，只因她认为"既然要教学生，那我自己也必须更努力学习才行"，于是她三度坐船到海外旅行，只为让英文更上一层楼。

光子正向、积极的态度，以及一旦做了决定就决不放弃的精神，带给我极大的影响。当时我也带着赞赏的心情，毫无保留地协助她处理许多英语教室的相关业务。

即使到了80岁，也要有学习的心。光子的这种心态，正是我想向大家提倡的。

如果要我针对老年生活说些什么，我会说，"当你过了七八十岁，老年生活会进一步变得漫长。长路漫漫，你该怎么走？人老了以后，衣食住行的能力都会下降。接下来，身边的朋友越来越少，更会对经济感到不安，以及无可避免的体力衰退。当你终将面对这样的问题，该如何度日？"思考这些非常重要。我通过光子晚年开办的英语教室，感悟了这个道理。

现在已经去世的村山冴子女士，是我非常尊敬的一位前辈。她生前是关西学院大学社会系教授，在她的著作《老后的设计——丰富老年生活》中,她写到在私立养老院的大厅里,总是看到一些老人无所事事地坐着,就这样结束了一生——据说有的养老院为了便于管理,甚至要求长者们不要任意到别人房间去串门。

实际上,在欧美,尽管重视个人隐私,仍鼓励同住者交流、彼此互相合作。村山女士写到,让大家在遵守规则的条件下来往,才会使养老院的生活更加丰富。

我认为,村山女士其实是指出:不论在家或是在养老院,都必须尊重"个人"这件事。也就是说,你要能够享受独自生活的乐趣,改变"过去有人做伴,一旦落单就会不安"的心情,学习自立、和其他人保持良好关系等。我也借此得到应该及早训练自己独立的重要信息。

所谓人生，是八九十年的事

我在大正时代（约1912—1926）出生，青春年少时正值战争，那时我很悲观地认为"人生大概只能活50年"。可是，随着日本于二战后快速成长的浪潮来袭，整个社会日益繁荣，人生似乎不再只有50年，而是八九十年的事。

由于人生毫无预警地延长，我要好好想想，究竟该如何生活才好？必须趁早摸索出与以往截然不同的模式才行。

例如，居家格局。先夫古谷年轻时，每当工作疲倦了，就想有个可以喝一杯的地方，因此我们把书房改建成了酒吧。但当他年纪大了、渐渐不需要工作之后，这间设在家中的酒吧越来越无用武之地。我开始觉得打扫这间根本不使用的房间很浪费时间，甚至想过，是不是干脆将之当成置物间算了。

古谷在60岁以后，朋友间的往来越来越少，有些朋友甚至已经去世了。他可能也真的挺寂寞的吧，因为他竟主动建议办个读书会。幸好他还认识成城大学里教古代史的教授，于是拜托教授来指导，同时还邀请了好几个人来家里，开起了类似研讨会的古代史读书会。这就是至今仍在开办的"群之会"（见第11页）的由来，迄今已超过40年。

有时我们会在餐桌上谈论在群之会上学到的《古事记》《日本书纪》，一旁的婆婆光子感兴趣地说："我虽然不清楚《古事记》，不过既然我在教英文，就来翻译看看吧。"接下来，光子不但会在吃饭时追问《古事记》的内容，还找自己的英文老师讨论，一头埋进《古事记》的翻译工作里。

前文提过光子在家里开办了英语教室。虽然她已迈入老年，却没有失去好奇心，仍有强烈的学习欲望，这好学的特质使她生命走到终点时，仍觉得人生充满乐趣、毫无停滞。

群之会后来关心的议题逐渐扩大，也持续推出名为《群》的读书会报。古谷去世之后，这个读书会由我接续主办，至今仍维持每个月一次的聚会，每年举办一次特别演讲，并出刊4次会报*。

我原本的"人生50年"计划，随着社会变迁而不得不有所改变。我也因此懂得了，人生的计划赶不上变化，但从中必须做多少调整，也只有自己知道。

我想告诉各位的是：虽然事情发展并非自己所愿，然而闷闷不乐是过一天，开开心心也是过一天。那么，何不开心一点，明天的事，明天再说吧。每天都在追悔失去的东西，成天郁闷度日，这样的日子应该很难过下去吧？

我认为，选择乐观或悲观，往往就在一念之间。

---

* 已于2016年12月停刊。

当婆婆罹患失智症，我……

　　1978年，婆婆光子93岁。过了90岁以后，她大概是抱着"假如不继续努力，我将失去生命的价值"的心情，继续着老师的工作，教附近的中小学生英语会话。

　　然而，有一天，她突然认不出其中一对小学生姐妹的长相，还对我说："班里来了个好奇怪的孩子，先前怎么没见过？"我当时真的吓了好大一跳，惊慌得两腿发软，差点无法从椅子上站起来。

　　事后，我们一直担心，万一她将错误的知识教给孩子、出了什么意外，怎么办？最后在获得学生家长们的谅解之下，正式结束了英语教室。虽然这是为了孩子们的安危着想，但我总认为，停课之后，光子的身体急速老化。

现在回想起来，对光子而言，她最生气蓬勃的老年时光，其实早在93岁便戛然而止。一向举止优雅的光子，为什么会变成这样呢？我从她身上看到许多罹患失智症老人的种种行为，也深刻地认识到，自己未来也可能变成这样。

照顾光子的这段时间，我不再把自己的未来描绘成明亮的橘色，也开始认真审视起真正的老年生活（生活无法自理）。届时我若失去正确的判断力，将无法明白会带给别人多少麻烦和悲伤。万一我没有能力替旁人分担一些什么，又该怎么办？

对此，我的结论是，至少自己先准备好一笔钱，万一有需要时，可以雇佣有照顾失智症老人专业的人看护。这个社会总以经济能力为优先考虑，遗弃老人的新闻屡见不鲜。从比例上来看，照护家中老人的几乎都是女性。因此我强烈地感受到，在当下的社会结构，主妇更容易陷入家中的老人问题。

不只现在，未来也一样。不论家里是否有妻子、儿媳妇或是聘请看护，年长者都得注意自己老了以后的身心健康。光子自律甚严、努力生活的态度令人赞赏。不过，自从她罹患失智症，从我这个主要照顾者的角度来看，人不管活得多么尊贵，也敌不过自然老化的生理现象。

坦白地说，假如光子在罹患失智症之前，是以"严以待人，宽以律己"的跋扈态度在过活，我就没把握自己是否有能力照顾她到终老了。每次清理光子的排泄物时，我都不断告诉自己：我以后很有可能也会变成这样。

我认为，人只要活着，在离世之前都不得从生活中退休。也就是说，不光是在工作场合，在每一天的日常里，也得不断体验新的事情、学习新的东西，在自己体力、精力范围之内，积极跟上社会的脉搏。即使老了，也不得偷懒、依赖别人，绝对不能从生活中离场，而这一切全看你自己的态度。

婆婆光子勤于学习、善于倾听别人，更以一颗纯朴、柔软的心，向我学习营养学以及各种操持家务的现代技术。也许就是这颗好学的心，让她终能保持旺盛的生命力，顺应生活环境的变化。

先后和婆婆、丈夫告别

婆婆光子生前常说:"人啊,不论多么聪明,总有些事不到那个年纪就是不会懂。"那时的我尽管已迈入60岁,却也是在往后的岁月里,才渐渐明白个中道理。现在,我已深深体会婆婆这句话的真谛。

光子晚年时曾因为脚痛,几乎整天都躺在床上,持续了半年左右。虽然她什么都吃,食欲却明显下降。我已经隐隐约约觉得不妙,日常照护时更发现她的身体正在急剧衰弱。于是我和古谷商量:"婆婆食欲变差一定有原因。是否应该住院好好检查一下?"正好那时我的血压升高,弯腰再站直时,腰就会痛。每天更饱受睡眠不足之苦,体力渐渐到达极限。定期到家里来看诊的医生也提出同样的建议,于是我们决定让光子住院。

1981年3月，那是一个能充分感受到春意的晴朗日子。光子换好外出服后，又躺回了床上。当时是上午10点，距离医院派车子来接她的时间还很充裕。光子一脸陶醉的表情，用吸管吸着我递给她的水，喃喃地说："这水真好喝。"

我看光子的状况还算稳定，便走回主屋，整理住院时要带的行李。我离开大概只有20分钟的时间，当我再次回到光子独居的小屋时，情况已急转直下。她的呼吸变得非常奇怪，嘴是半张着的，身体无法动弹。古谷连忙跑去找医生，我则须臾不离地守着光子。人在临终时，生命仿佛沙漏里流泻的沙粒，没多久便烛灭灯熄。就这样，婆婆光子以96岁的高龄，离开了人世。

"老太太临终前没受太多苦，原来人也可以如此安详地离世啊……我希望自己离世时也能这样。"赶来的医生叹息道，说这真是了不起的自然死亡。

关于光子的后事，我们着实讨论了一番。"一般葬礼会举行守灵夜和告别式，我们也要办吗？""与其通知不认识的宾客参加，还不如只找孩子、孙子过来，妈妈也会比较开心吧？"因此众人决定举办一场限定亲属的告别仪式。

我们准备了光子生前最喜欢的芝士蛋糕和红茶，并在会场上装饰了近乎奢侈的大量鲜花，大家就在花香中静静地凭吊，这样的告别仪式非常温馨。古谷说："葬礼对其他的人来说实在突兀。将来我不希望自己因为举办葬礼，而麻烦忙碌的人们前来。届时，我想让大家以同样的方式向我道别。"

3年后，古谷由于身体虚弱，经常往返医院，持续了一个月之久，但他的身体每况愈下，最后只能住院治疗。胆小的古谷一向讨厌打针，要他住进有各种医疗器材的医院，应该害怕到不行吧？当时我为了安排住院事宜，整天忙进忙出，记得那时我正好回家准备一些住院的必要物品时，却忽然接到病危的通知。我连忙奔回医院，正好赶上见他最后一面，不久古谷就去世了。

他和光子一样，临终前没受什么苦，面容安详得就像睡着了一样。当时窗外下着雪。

人从出生之后，最终都得走向死亡，这是无可避免的事。到了我这个年纪,早点看破这一点,也许是将对死亡的不安降到最低的最佳方法。有时我在半夜会感到胸口有点不适,就会立刻告诉自己:就这样吧,接下来不管发生什么事,都是无可避免的。人就是这样的,会恐惧死亡,不愿和亲人道别,但这些是人生在世必当经历之事。我们能做的,就是随时做好道别的准备。

希望到最后，我都能一个人住

"老了以后能和子孙同住，是件幸福的事"，世界上应该有很多人都有这样的想法吧？但我却喜欢一个人独居。

过去我和婆婆光子、先夫古谷3个人生活时，不但要上班、操持家务，家里访客又特别多，每天忙得像个陀螺直打转，时常期望能有独处的时间。

当然，和家人一起看电影、讨论内容，读书之后分享读后感，到奈良或越前*旅行，深度造访古代历史，都是快乐的生活点滴。送走他们两位之后，要说我不寂寞，那绝对是骗人的。在这之前，我从来没有一个人住过，

---

* 位于日本中部。

我突然意识到，一种前所未见的新生活，此刻正要开始。

他们俩在世的时候，我必须煮饭给他们吃，因此独居生活刚开始时，有好一阵子我不想再走进厨房，毕竟我不曾"只为自己"做过饭。但外面的东西实在不如自己做的好吃，日子一久，我渐渐有点手痒起来。这时某家店正好推出柿子魔芋白酱，这是我最喜欢的小菜之一，好想尝一尝啊！想着想着，我终于再次踏入厨房做饭。

爱吃是元气之源，支撑我每天快乐生活的则是工作，这两件事都让我活得更起劲。反正独居已成定局，是成天哀叹、追忆着过往，还是好好珍惜现在，大步向前？我当然毫不迟疑地选择后者。

以往还得照顾家人时，我总是拼命挤出零碎时间做自己想做的事，现在我每天的时间多到满溢出来，而这些都是我能够独处的美好时光。工作出差时，我会早一点入住酒店，为自己保留一段悠闲从容的时光。我会刻意走远一点去看海；或是绕到镇上闲逛，找一家看起来还不错的咖啡厅，享受奢侈的悠闲。这些属于自己的时间，是过去被烦琐家务缠身时无法享有的。

大家懂得利用独处的时间吗？一个人住的时候，我每天都开心地想着：太好了，今天又都是我自己的时间了。退休后，有的人总是抱怨丈夫，或是在丈夫去世后不断提醒自己好寂寞。还有很多老人抑郁度日，却没想过自己其实也有责任。光是哀叹却不努力的话，幸福是不会降临的，你也永远无法从困境中走出来。总而言之，我认为凡事只想求人，是非常怠惰的行为。

你若是不肯面对寂寞、独立思考、学着和自己共处，就绝对不可能找到新的生活方式。为了获得幸福，自己也必须担负起责任。我希望自己能充分享受人生，直到生命的尽头，因此我格外珍惜一个人住的独处时光。

提前为死亡做好准备

婆婆光子和先夫古谷的告别仪式都只限定亲属参加，场面非常温馨。经由这些经验，我曾好好嘱托侄儿，不必为我举办葬礼及告别仪式。因为我实在不愿意让别人瞻仰我的遗容。其实葬礼是为活着的人举办的。随着现代社会家庭制度日渐崩坏，恐怕越来越多的人和我一样，会更愿意自由选择属于自己的告别方式吧？

与选择想要的生活一样，人不也应该自己选择想要的葬礼吗？我周遭的人观念已渐渐在改变，有越来越多的人希望死后不要土葬，以回归自然的方式，将骨灰撒在海里或山上，举办没有戒名的告别式等，接受新式葬礼仪式的人数仍在攀升中。

送走丈夫数年后，我约了律师见面，立了一份正式的遗嘱。预先为死亡做准备，是一种生活态度，我认为，这不光是针对独居老人，也是任何能够独立的人都应该做的事。我在生前遗嘱中首先言明，我放弃过度延命的救治，这是我的"尊严死亡"宣言。为了确保自己的权利，大家可以预先用文字表达自己死后的意愿，现在许多医院内的病患都会采取这样的做法。

我还在遗嘱中写明，死后不希望举办葬礼，也妥善处理了家里和银行里的积蓄，家中堆积如山的藏书，则统统送给图书馆。另外，我还登记了遗体捐献。我会认真思考，自己死后，遗体能做些什么？不论在何时、何地死亡，我都希望多少能对社会有些贡献，因此我想死后把遗体捐给大学医院做研究。现在外出时，我一定随身带着捐赠卡，听说这样一来，无论在何处死亡，都可以立刻把遗体捐给当地的大学医院，这样我就安心了。

在去世之前，我将尽我所能地努力工作，为了那最后的一天做好准备，至少得存够雇用看护人员和住养老院的费用，届时才能放心地将自己托付给专业人士。在此之前，我会好好赚钱、纳税，尽一个公民的责任，毕竟到时候如果积蓄不够,就只好靠国家的社会福利来养我啦!

由于我一个人住,关于我详细的交友状况和人际关系,侄儿恐怕并不清楚,所以我事先写好了要给大家的信。届时只要填上日期和(使我离开人世的)病名,就可以委托侄儿夫妇帮我寄送给大家。

自从送走婆婆、丈夫,开始一个人生活,且日子逐渐趋于稳定后,我一方面珍惜自己剩余的岁月、快乐过活,一方面认真思考死后的一切。我深刻体会到,思考如何活着,其实就是在思考怎么死亡。

为了安享晚年，你得存够老本

之前看护婆婆光子的那两年半期间，最让我觉得辛苦、喘不过气的，就是清理排泄物的工作。那种盼不到尽头、不知何时终了的苦闷实在沉重，再加上我总觉得自己不该让其他人看到向来光鲜亮丽的光子，竟沦落到如此不堪的地步，心理压力异常沉重。总之，当时的我把这一切烦恼统统揽在身上。

后来又过了一阵子，我细细思索，要是哪一天换作我倒下了，家里又该怎么办？现在虽然可以委托专业人士到家里来照护，但家族中大多还是由妻子、女儿、儿媳妇等女性角色负责（如果有需要搬动重物的工作，可以聘请男护工帮忙）。当我看着光子衰老的模样，总会忍不住想象，要是有一天失智、失能的人换成是我，由外甥或侄儿来照顾，会是最好的方式吗？我的答案当然是"No"。

就看护的现实面来说，包括看护者本身的健康和经济负担在内，这些都是很大的压力，足以让任何人筋疲力竭。因此，在已然高龄化的现代社会中，年长者如果想为自己尽一点力，就必须先存上足够的金钱。

另外，既然每个人都要面对老年生活，那么，为了满足心灵需求，维持自己的嗜好、社交、旅行等，就必须拥有够用的金钱。我想，即将步入老年生活的人，应该都希望能和老伴共享晚年乐趣，且费用最好能够完全自理、不必依靠孩子接济对吧？因此大家更需要好好规划、合理用钱。

在退休之前、收入尚丰之时，会经常替孩子买东西。然而考虑到自己不久后的将来，以及即将迈入不知道还有多少日子可活、充满不确定的老年生活（例如，生病，甚至临终前都必须卧床等状况），我认为先存一笔钱，才是最应该优先考虑的事情，至少要做到不必担心日后成为孩子家计负担的程度。

尽管人老了，在某些层面上仍需要孩子照顾，但大家一定要保持"尽管如此，我现在还是得独立自主"的心态，并试着让双方达成共识。我写这么多并非恐吓大家，但现实的情况是，并非所有的老人医疗都是免费的。当你生病、倒下之后，紧接而来的看护工作，会让事业正处于高峰期的孩子，陷入焦头烂额的窘境，因此我才一再强调：为了减轻孩子的负担，也为了你自己，做父母的多少都该给自己留一点儿钱。

我认为，能够认真考虑并切实执行"自己养活自己"这个信念的人，大多也能和年轻人维持良好的关系，并拥有快乐的每一天。

拥有梦想，生活不断前进

对我而言，良好的生活观和从容的死亡观，乃是一体两面。或许有人觉得，思考如何处理自己的临终事宜很痛苦。我却正好相反。人在活着的时候思考如何善终，其实也是在思考目前该如何生活。

常常思考未来能做什么，就会更了解自己是个什么样的人，迄今拥有怎样的人生，也会更明白接下来的日子该怎么过。看清楚自己，并非否定过去的人生，而是抬头挺胸地肯定自己——原来我曾如此努力地活着。

这是最近发生的事，有位朋友知道我即将出版新书，便羡慕地说："真好！看到你这么努力的模样，我也不禁想打起精神来做些事了。"实际上，她在乡下有一个便利商店，几乎什么都卖，还会依照季节替当地居民运送蔬菜和水果，深受大家的喜欢。我也觉得她活得很精彩。

每个人都努力按照自己的步伐生活，生养小孩、勤做家务、上班赚钱、照顾家人，这些过去的付出，绝对值得我们抬头挺胸、自豪且有自信地活着。在面对老年生活时，这便是可以让心灵安定的根源。

如果可以，无论几岁都要拥有梦想。我从年轻时就很想创作儿童文学，还因此加入了日本儿童文学协会。虽然我并没有具体写出文章，但与会员互相交流、阅读协会定期寄给我的会报，乃是一大享受。

直到现在，我仍拥有这个梦想，期待自己有一天能写出一部儿童文学。也正是因为有梦，无论活到几岁，这种"我还有想做的事情"的心情，都能使我拥有不断向前冲的动力。

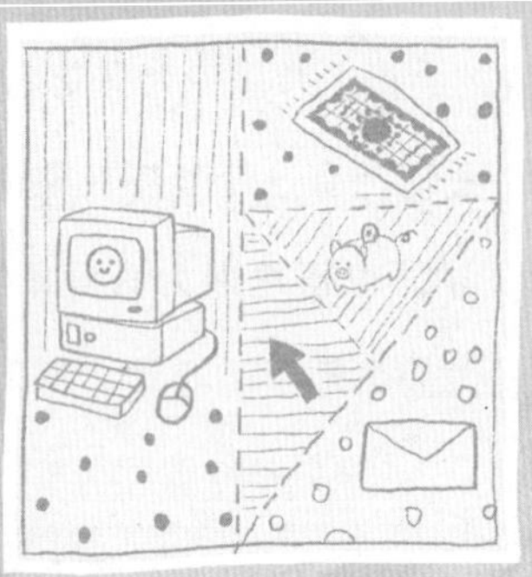

Chapter 5

朋友是我们最大的资产

广结善缘
上了年纪仍精力旺盛的秘诀：懂得享乐
年轻时结交的朋友，是我们最大的资产
……

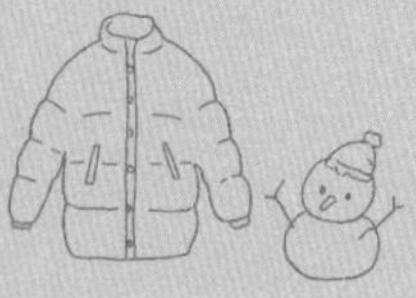

广结善缘

我曾在某本杂志上看到，日本知名社会学家上野千鹤子女士与财经记者荻原博子女士的一场访谈记录。主题是"当你最后孤身一人，该怎么活？"两位女士都认为：老了以后一个人独居，不可或缺的是住处、朋友以及1000万日元。的确，拥有自己的房子、良好的人际关系，以及某种程度上可以自由运用的钱财，是支持老年独居非常重要的因素。

特别是交朋友这一点，这对独居的我而言，是无可取代的重要条件。因此长久以来，我都设法与人广结善缘。但如果你问我，至今在结交朋友这方面，从来没有失败的经验吗？当然不是。只是每次交友失败后，我会一边思考往后该怎么做，才能建立更好的人际关系，同时大胆努力去尝试，直到现在都是如此。

那是很久以前的事了，我曾经遭到十分信任的人的背叛，遭受了非常严重的打击。那时，我就告诉自己：人是会变的，只有傻瓜才会以为人心永远都是一个样子，并把那次的事件当作教训。我常常在想，所谓亲密来往，是不是指走进对方的内心世界？例如，有人不论大小事，都很依赖对方；若无法与人维持亲密就会感到不安；或是认为对方被自己吸引，才算亲密来往的人也不在少数，但我并不这么认为。

我认为，能够和拥有相同价值观的人来往，才是最棒的。彼此的价值观若不相同，即使是有血缘关系的家族亲戚，仍然无法舒心地往来。

先夫古谷去世后，我的亲戚中有人来询问吊唁事宜，当我回答并未举办对外丧礼时，对方勃然大怒，责怪我身为长男的媳妇，怎可如此小气？甚至强迫我一定要再为古谷举办一场告别仪式。有些人实在不懂尊重、体贴别人，总爱指手画脚，随便帮人出主意。当时我便告诉对方，我是按照古谷的遗言，取得兄弟的谅解后才做的决定。之后，我便不再与那位亲戚往来。

由此看来，人们的价值观，往往在婚丧喜庆时，表现得特别强烈。与人来往，即使只有一丁点的意见相左，都可能引发误会，基本上，这都是价值观不同的缘故。另外，有相同价值观的人，就算彼此在年龄上有差距，或者老了之后才相识，也能成为莫逆。

为了结交朋友，你必须在日常中就做好心灵训练，之后遇上与人来往的机会时，更要努力保持"结善缘"的意识——有节度地与人往来，绝不过度叨扰对方。有些人因为独居无聊，一天到晚去找邻居串门，或是长时间煲"电话粥"，这其实都是在放纵自己。

独居更需要严格的自律能力，我也告诫自己，千万别因为上了年纪就宠溺自己，要持续与人保持有节度的来往。

上了年纪仍精力旺盛的秘诀：懂得享乐

可能因为身边有许多朋友和我一样是独居，我从大家身上感受到很多正向的影响。80岁时，我开始和作家清川妙女士以书信的方式，闲聊每天的想法及生活趣事，后来更将这些往复书信集结出版。换句话说，我与清川女士是通过书信，变成莫逆好友的。

我以前就是清川女士《万叶集：花语》的忠实读者，她对某些诗歌的解释，生动地描写了诗人雀跃的心情，深得我意。之后，我以读者的身份与清川女士通了大约一年的信，聊了很多东西。我发现，有些话当面可能说不出口，写信时反倒不会迟疑。能以这样的形式与她来往，真是太开心了。

清川女士和我一样，也是在差不多的岁数开始独居。

之后通过其他的合作机会，我们见过好几次面，一起聊天、吃饭，相处融洽。我们不仅聊食物的话题，也聊文学。彼此频率一致，就能结下善缘。

最近我和摄影家笹本恒子女士在工作上有了交流机会。在谈话的过程中，我提到不依赖别人，轻松度日的想法。笹本女士也讨厌住养老院，日后打算独自生活，因此想把现在居住的房子稍加改建，便于一个人居住。

我以为自己已经够悠闲了，没想到笹本女士比我更悠哉。她说，自己晚上吃饭时都会喝葡萄酒。突然她把话题岔开，问我喜欢红酒还是白酒，我回答红酒，她说她也是，还邀请我改天一起去喝酒。就在这个当下，我觉得我们之间，已然孕育出新的友谊。

前两天，我接到书法家筱田桃红女士的电话，她提起自己已迈入百岁仍天天工作。这些长期保持活力的高龄老人们，原来彼此都是有共通点的。对周围的事物保持好奇心、喜欢品尝美食，这就是步入老年后仍能活力满满的秘诀。

希望你能更加精力充沛地享受人生，并与周遭的人们广结善缘。

年轻时结交的朋友，是我们最大的资产

不坚持己见，或许是我个性上的一大特色。这当然不是说我这人很随便，而是在交友方面，我几乎来者不拒。关于这点，我和先夫古谷是一样的：与其拼命挑剔对方的缺点，不如多注意他的优点。这使得我很容易和别人成为朋友。

互相契合的人自然可以长期往来。但由于我很重视个人生活，也考虑到对方的隐私，所以不会成天和别人黏在一起。没办法，年纪大了，在某种程度上省略了"社交礼数"，好像也不是太罪过的事。例如，我就是没办法应付婚丧喜庆这些应酬，过年时也不会写贺年卡。

有些朋友会送各式各样的食物给我。大多是过去我

与家人同住时结交的友人，以及年轻时经常来我家做客的人。其中有一位是古谷在战后不久，到乡下演讲时认识的小伙子，古谷把对方带回我们东京的家里做客，最后我们成了朋友。后来我才知道，对方原来是古谷亲戚的学生。

我40多岁时，有些年轻人在结婚前常来我家玩，婚后我们仍保持着联系，有的朋友则是婆婆光子的学生。这些年轻时交到的朋友们，现在都已经有孙子了，尽管大家散居日本各地，但我们依然保持联络，这些朋友也是我的精神支柱。虽然古谷已经去世30年了，可是当初他结下的善缘能够持续至今，并嘉惠于我，这令我十分高兴。其中一位朋友和古谷的关系很好，与我却没什么交情，但有趣的是，我和他的太太成了好友，长久以来仍维持着良好的关系。

我不时会收到腌梅、红姜、款冬（即蜂斗菜）等，秋菊盛开的季节，则有当季的茶豆、酱烧小鱼干等。96岁以后，做腌梅对我来说是件很费力的事。但我以前教过别人怎么做，现在则常常会收到对方做的腌梅。这么说来，我的朋友当中，有不少是靠着寄送食物联系的呢！

多替对方着想

能长期与人结善缘，这和我的性格有关。我认为交朋友最重要的是为对方着想，因为我不喜欢勉强别人，所以我会坦率地表达出自己高兴、欢喜的心情。

考虑到大家都有各自的生活，没办法长时间地煲"电话粥"，我会写信让对方知道，我想告诉他什么、我喜欢什么、何时我会觉得开心。

也许是因为我是"古董级"的人类，我也不会使用现代的电子邮件。很多时候，光靠短信或电子邮件的寥寥几个字，似乎无法将想法充分地传递给对方。

我想，以后的人际互动，应该还会从短信和电子邮件，进入另一种全新的方式。那时为对方着想的心意就会更加淡薄了吧？

再好的朋友，也得有交际围墙

与人来往时，要退让到哪一步、该不该压抑自己的情绪，是一个让人头疼的问题。而我与人结交，看重的是能否信任眼前的这个人，至于对方以前做过什么事、父母亲在做什么，我统统不在意。我想，这或许是友谊能够长存的原因。

先夫古谷在世时，我家经常宾客盈门，不论谁来拜访，我都平心静气地接待。当然一定有许多太太，心里其实很排斥外人进家门，或是讨厌让外人看到自己在家时的模样。不过我不太会有这样的情绪，因此容易与人来往。

例如，有一位曾任《新潟日报》副刊主编的朋友，与古谷是莫逆之交。古谷去世后，我反倒和他的妻子熟络起来，时常收到她送来的料理或当季蔬菜；她偶尔到东京玩时，也一定会来看我。我之所以能坦诚地与人来往，大概就是因为我真的很喜欢交朋友吧。

如同前文提过的，我无法与价值观不同，或我很讨厌的人来往。判断标准在于我个人的"价值观感应量尺"，也就是我的"交际围墙"。基本上，我的"交际围墙"既大又广，但门槛低，这是我能轻易与任何人做朋友的原因。我常通过邮购买东西，和小田原下田豆腐店的老板娘成了好朋友，但我们一次面也没见过。

最初，是某位在神奈川县政府工作的熟人送我他们家的豆腐，因为真的很好吃，所以我写了封信向他们订货。后来，下田豆腐店常寄来各种食品，还会附上一张"最近做了这个新品，请您品尝"等字条，从此我们就成了朋友。

我如果去乡下玩，想到老板娘喜欢什么，就会特地买一份回来，并邮寄给她。顾虑到对方的感受，我不喜欢那种紧迫盯人式的交友关系，保持适当的距离，就算没见过面，也能维持彼此的情谊。

我可以随意地与感觉舒服、气味相投的人做朋友。尽管并非刻意为之,最后反倒维持了不黏腻但长久的人际关系。实际上,我家的开支至今仍奉行古谷的主张:用收入的一成过日子。而剩余的九成收入则拿来当作交际费,或是维持友谊的费用。

其实,我想古谷真正的意思在于,这九成的收入不要只想用在自己身上,日常生活中也要考虑别人的需求。他的确教了我一个与人交往的重要方法,我至今仍充满感激。

不背人情债

年纪大了,能做的事和不能做的事自己一清二楚。以前的我就不爱出风头,连自己的出版纪念会也只参加过一次。因为我担心一旦在宴会上受人邀约,我会不好意思推辞,这就是人情债吧?不但自己背上了,还让对方也背负了重担,我实在不喜欢这样。我都已经到了这把年纪,只希望能以自己为中心,尽力做好能做的事,至于做不到、不能做的事就不要碰,踏实地过日子就好。

例如,婚丧喜庆,大概85岁以后,由于我双腿无力,脚也不方便走路,渐渐不再出席守灵夜或告别仪式。尽管心里感到非常抱歉,但我更担心万一在会场摔倒,反而会造成自己身心上的负担。如此不拘泥于人情世故,不知能否得到谅解?例如,最近有一位和我有交情的校长去世了，无法出席他的丧礼我也很难过，不过我想之后也许可以参加他的追思会，所以要把握时间与之告别。

我想在能力所及的范围内，不勉强地维持友谊。探病时也一样，由于自己身体好，探视生病的朋友时，大家往往把聊天放在第一位，只顾着说话。但病人可能只想休息，或者不想让其他人看见自己的病容。有人说探病是不得不做的礼节，我反而认为探病相当失礼。

那么，遇上这种情况，又该如何表达关怀呢？我建议大家可以用写信、电话留言等形式，间接表达你的心意，这些做法可能远比直接前往探视更有礼貌。

真正的知己不求多

我总觉得,朋友之间能够彼此理解、互相着想,就是良好的人际关系。虽然有些人认为,彼此之间毫无距离,对方的事不论大小都得了如指掌,甚至彼此相依为命、成天黏在一起才叫友情。真的是这样吗?我十分不以为然。

我认为真正的好朋友,彼此要能商量。你是否有勇气让对方清楚地知道,自己有哪些事情真的做不到?假如勉强为之,例如,当对方有困难时,你打肿脸充胖子地帮助他,尽管他感受到了你的关怀,但这份情义,未来很可能成为对方的负担。

真正的知己不求多。跟朋友在一起时,虽然可以排解孤单和寂寞,但如果你想要的只是有人做伴,我认为无法培养出真正的友谊，因为依赖并不等于友情。

真正的友情，必须从独立个体之间的关系中建立。只要拥有几位心意相通、气味相投的朋友，哪怕在某些场合中只有你一个人，也不会感到寂寞。当然，人们如果收到对方赠予的礼物一定会很高兴、感激，但我自己尽可能地不做这样的要求，同样的，我也不会毫无节制地宠溺朋友。

每当我想向朋友要求什么，就会反问自己，今天若是换个立场，我可以为朋友做到这件事吗？就我的观点，正因为不依赖，反而更能建立、维持良好的友谊。

结识不同的人，打开交友网络

和许多人交朋友，是我的活力泉源，朋友更是老了以后最大的资产。换句话说，结交好友能让心灵和头脑都生机勃勃。先夫古谷过去的许多朋友，至今仍和我维持着友好关系，但如果你认为先夫是社交型的人物，那就大错特错了。

古谷对人的好恶非常分明，因此我必须在背后替他打圆场。不过，也不知是幸运还是不幸，正因为要替先夫善后，我才有机会和各式各样的人交流，和大家自然地做朋友。

我本身也参加许多社团，想多听听不同立场的言论，因此也借此认识了来自各界的人士，再通过其中某位会员介绍，陆续认识了其他的会员，交友的网络就这样自然地展开了。在这些社团里,我先后认识了牧师、电影公司的人、棒球协会委员等,更通过与他们交谈,得知了自己先前完全不曾碰触的世界。这些新鲜、快乐的邂逅,实在是非常愉快的经历。

常听人说交不到朋友,或是问我怎么交朋友。我想,朋友不是刻意交出来的,而是与同样价值观的人相识、碰撞之后,产生自然互动、深入交往,而渐渐培养出感情。若只有你一人抱着交朋友的心态参加社团,这件事就会变成苦差事,但当大家都有相同的想法,交友网络自然容易展开。

此外,培养能发挥动手创意的兴趣也很不错。例如,我的外甥女,在丈夫去世之后,就变成大门不出、二门不迈的宅女,几乎失去了生活的动力。那时我劝她尝试手绘明信片。她试过之后,发现很适合自己,这才恢复精神,一头埋进绘画创作,后来还开了画展呢。外甥女就这样通过手绘明信片,打开了交友网络,与外面的人交流,直到今天85岁的她,依然是一个人生机勃勃地生活着。

不对他人有过度期待，人际更顺畅

年纪大了，心中对于许多事的判断标准也会跟着降低。虽然对自己可能不够严格，我却因此交到很多朋友。我想，改变的重点在于不对他人有太多期待，如此一来，双方来往时便不会感到烦躁。换句话说，待人处世的标准降低了，交友反而更顺畅。

假如你对他人有所期待，但结果却不如预期那般好，你就会认为"一切都是别人的错"，并忘记自我反省，一味地责怪他人，这不是好事。如此一来，与人往来就容易产生嫌隙，你也会不断地为此苦恼，最后只有把自己封闭起来，就这样让自己走进孤独的牢笼。

当你上了年纪，与年轻人打交道时，千万不要争强，更无须干预太多。此外，更要时时留意，不要追根究底地打探别人的私事，更不要过度干涉别人的私生活，总之，千万别多管闲事。

我明白很多年长者很爱给年轻人忠告，但我想，做长辈的偶尔也该听听年轻人怎么说，也许你会发现，很多时候他们也能言之有物，令你深表赞同。尤其当你想要规劝亲戚家年轻的孩子时，更需要先倾听他们说话。

我希望大家留意的是，并非因为你年纪大，就可以高高在上地指使对方。现在的年轻一辈才是紧跟社会潮流的人，年长者不妨多向他们请教，你也许会听到很多自己不知道的事。

另外，向人借东西，或是借东西给别人，都必须清楚地记录下来。我每年都会趁年终整理家务时，顺便把借来的物品清单整理一下。如果是别人借了东西之后没有归还，我会说："麻烦请你在年底大扫除时，多多留意。"这样委婉的措词才更容易将东西讨回来。若对方真的不愿归还，也不要一直记挂在心上，不要因此让友谊出现裂痕，那就得不偿失了。

人人都喜欢收到礼物

先夫古谷还在世时,很不喜欢互相馈赠礼物的交际,因此我们几乎不送礼,也不收礼。过去我不会特地在各大节日送礼,但时至今日,我已是孤家寡人,偶尔收到来自友人的礼物,对无人相伴的我来说,是非常开心的事。

收到来自全国各地朋友的蔬菜、水果、亲手做的各种物品时,我都能真切地感受到他们的心意,为此雀跃不已。为了感谢朋友们的关怀,我也会回赠适当的礼物。

收到美味的糕饼时,我会询问附近的朋友:"要不要来喝茶啊?"与大家分享美味。如此一来,不论远近的朋友我都照顾到了,这真的是一件很美好的事。我时常在朋友、社团会员之间,以自己收到的礼物,或我在全国各地邮购的商品为话题，大家一听到这些便立刻打开话匣子热烈讨论起来，有时还能蹦出许多意想不到的内容。这对我来说是非常快乐的时光，也是我生活中的一大调剂。真心希望以后还能不断地收到各种礼物。

享受等待的乐趣

长久以来，和别人相约见面时，我一定会提前到场。一方面是不想让别人等我，另一方面则是不知道抵达目的地之前会发生什么事。尤其年纪大了以后，腿脚大不如前，走起路来很不稳，难保不会发生意外的状况。考虑到这些，我就会提早出门。与其慌慌张张，不如从从容容，更何况，我其实很享受等待的乐趣。

最近我对自己的腿力越来越没信心。若我因为时间不够而急着赶路，不但有可能发生危险，也会给约会对象添麻烦。唯一的解决之道就是，比以往更早出门。

可能有人认为，约会提早抵达、傻傻地等待很浪费时间，我却乐在其中。例如，与人约在头一次造访的车站见面时，我会愉快地观察陌生的环境、来往行人的服装，以及热衷于智能型手机或平板电脑的年轻人。同时，我一定会去光顾车站内的各式食品店。那些车站里几家我常去的商店，有空时我也一定会去逛逛。

可能是每个人的个性使然，有的人总是爱迟到。不过假如你了解对方的习性，也就没什么好生气的。等待时如果什么都不做，光是生气，反而更容易使人心情浮躁，对自己也是一大损失。既然特地提早出门，有了充裕的时间，干脆就来做一下社会观察吧。别忘了，我可是一个有着大把时间的"有闲人"。

用写信思念远方友人

我每天会写1~3封的信或明信片，例如，回复读者的来信、收到礼物的感谢卡、送东西时要附上的小卡片等。读者如果寄信给我，我一定会亲笔回信。有的人收到礼物，会简单打个电话说谢谢，但我觉得亲自写张感谢卡，最能表达我的心意。我在写信时，眼前便会浮现对方的身影。由于太思念对方，我常常一边想一边写，凡事慢慢来好像比较符合我的作风。

写信是一段静谧的时光，同时也是思念朋友的最佳时刻，我还喜欢利用这段时间让大脑活动一下。由于我常说"我的感谢卡都是亲笔书写，然后到邮局寄出"，有个亲戚想要仿效我的做法，当她的小孩收到糖果饼干时，她也写了张感谢卡。三天之后，她突然打电话给我。

我问她怎么了？她说："我家没有明信片，所以要去邮局买，而且还得带着小孩。拖拖拉拉地出了门，还要顺便买些别的东西，中途还要帮孩子换尿片，结果还下雨了。我打电话给孩子的爸，要他去帮我买明信片。最后好不容易坐到桌子前，我虽然想写，可是一整天跑来跑去，累得我打起了瞌睡……"

她不停解释着自己无法写明信片的理由，我突然深刻感受到：现代人恐怕大多数都不会在家里准备信纸、信封、明信片和邮票了，我与习惯用电话和短信沟通的现代人，真的是生活在两个完全不同的时代。

例如，这位亲戚，不论她遇上什么事都是靠打电话来解决。她老是笑我："打电话不但可以听到彼此的声音，而且说比写信快多了。"正因为是亲戚，彼此才敢有话直说。我也好好反省了自己，的确不应该因为自己一直在这么做，就理所当然地觉得别人应该效仿。

然而，靠着书信和明信片建立的友谊，确实是我的活力来源。我请侄儿夫妇把我家庭院开的花、结的果，用数码相机拍下来，再用计算机软件做成手绘明信片，非常有个人风格，我很喜欢。喜欢花的人，我就送有花的明信片；喜欢水果的人，我就寄张硕果累累的明信片给他。我一边思考收信者的各种喜好，一边挑选适合的明信片，实在非常愉快。

写好的明信片当天就得投进邮筒。外出寄信可以改善我运动不足的情况，虽然年纪大了出门很麻烦，但趁着寄信，出门走走也很不错。天气好的时候，我也会借机在附近转一转。

我家信箱的尺寸是特大号的。如果在每天收到的信件、传单中发现有手写的邮件，我就会非常兴奋和开心。念及这份喜悦，我将继续亲手写信及明信片，以维持我与他人的友谊。

只有夫妻俩的老年生活，小心争执变多

由于传统观念里家务不是男人的工作，因此男性已逐渐养成不做家务的习惯，现在 60 岁退休前后的男性，会积极地做家务的，恐怕不多吧？

但当你上了年纪却完全不会做饭，总有一天倒霉的是自己，建议大家还是多少学一点儿比较好。以我家的状况来说，因为我总是抢先把事情做完，没留任何家务给丈夫，反而让先夫古谷认为他在或不在都无所谓——这样的做法实在失败。

后来当我因为肩周炎，无法卷起百叶窗时，我让先夫帮忙。他默默地把百叶窗往上卷起，并第一次深刻感受到，原来卷百叶窗相当费力，这些出力的工作，没有

帮手是不行的。最后等到我的肩周炎痊愈后,他仍继续主动卷百叶窗。

现在回想起来,当初照护婆婆光子时,我曾多次想过:假如丈夫能够帮忙就好了,照护绝不是件简单的事,本来就不能只丢给妻子一个人处理。以我的经验为例,独自一人过分努力苦撑的结果,就是累积疲劳、压抑不住焦躁的情绪,渐渐无法忍受先夫的任性妄为。

另外,先夫也逐渐了解,我为了照顾婆婆而没有自己的时间,心情也随之变差,一个人的压力一旦累积到这种程度,夫妻之间不论有多么微小的嫌隙,都可能引爆情绪,甚至争吵。

有人说,年纪大了,心态就会变得成熟和圆滑。我认为这样讲不对。假如你在别人眼中是这样的形象,那就表示是你变虚伪了。成熟和圆滑,那只是安慰老人的假话罢了。古谷晚年时总是把上面这些话挂在嘴边。人如果过度累积疲劳,就很容易失去耐心和体谅,因此我对古谷的话深表赞同。

先夫到了晚年,开始出现抑郁症的症状,不太喜欢外出。这种老年抑郁症，会以各种不同的形态出现，其中之一便是无法写作。原本古谷在《新潟日报》上以东京人的立场回顾新潟为题，连载"眺望新潟"这个专栏。持续连载18年的专栏，有一天突然无以为继。无法再提笔写作，对古谷来说似乎相当痛苦。"既然怎么写都写不出来，是不是该算了？"古谷找我商量，但我也很烦恼。

对一个持续写作的人而言，突然写不出东西，是非常痛苦的，但在无法提笔的谷底挣扎，更加痛苦。"假如你感觉痛苦，放弃是不是会更好？"我这么说，竟让古谷露出松了一口气的表情，这个专栏从此停刊。

停止写作的古谷，在家里变得愈发难伺候。而我仍然在努力地兼顾着家庭和事业。古谷不再为媒体写专栏，但他仍持续为长年经营的群之会的会报《群》写稿，直到临终那天。

我从先夫古谷的身上学到很多东西，其中最重要的，就是诚实面对生活的态度。也就是不活在他人的期望中，依循自己的心意生活。我的晚年，便是切实地遵守着这句话过日子。

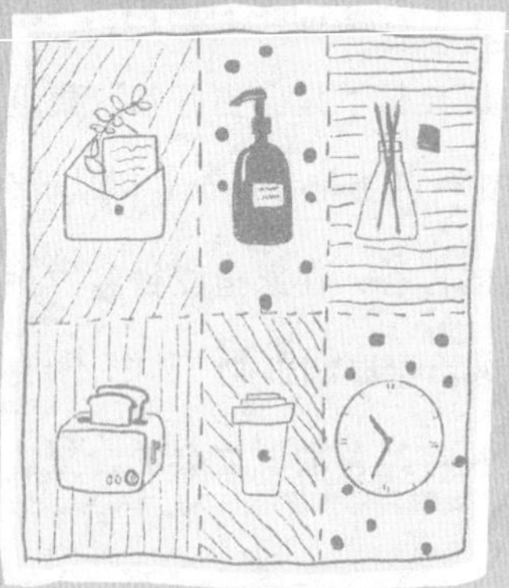

Chapter 6

那些鼓励过我、
想与你分享的语句

『世上美丽的东西,无论多小都不要错过。』
『缺点连3岁小孩都知道,不必刻意去找。
只要注意对方的优点就行了。』
……

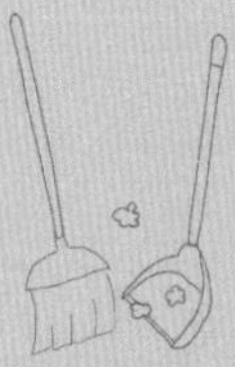

世上美丽的东西，无论多小都不要错过

"世上美丽的东西，无论多小都不要错过。"这句话是先夫古谷的口头禅。多亏这句话，在先夫去世以后，我在家里到处摆了放大镜。不论花朵、昆虫、动物，都美不胜收。我会用放大镜仔细观察。外出时也不忘留意美丽的风景、人物和建筑。

除了这些实际的事物外，还得用心灵放大镜观察人心的美丽、内在的美好。古谷说过："只要觉得这个人很不错，就别漏掉他的任何优点，统统找出来。"为此，我努力观察美好的事物，例如，看到某人的行为时，我会在心中暗想：像他这样，既有礼貌又潇洒，我要学起来。

在小事上处处留心，果然可以学到很多事。

而在仔细观察之后，还得思考自己该怎么做，才能拥有那样美好的心，这一点十分重要。先夫教了我很多事，对现在的我来说，他的话就如同珍宝一般。

> 缺点连3岁小孩都知道，
> 不必刻意去找，只要注意
> 对方的优点就行了

"缺点连3岁小孩都知道，不必刻意去找。只要注意对方的优点就行了。"先夫古谷也常说这句话。任何人都有优缺点，若光看对方的缺点未免偏颇，还不如多去发现他的优点或可取之处。与人来往时，古谷完全不在乎对方的过去、他的父母是谁。这点我也一样。

过去替我工作的人很多，我却从没看他们的履历表，只要见面聊一聊感觉不错，这样就够了。此外，我也从来不参与说别人坏话或聊八卦的行列。就算被认为不合群也没关系。企图讨好所有的人相当辛苦，假如有人想与我绝交,那就随他去吧。我认为保有自己的立场最重要,因此不想在这种事情上花力气。

假如对方的想法和我不同,我会说"这件事我不这么想",比起"我不这么认为"要婉转得多。既然好不容易交了朋友,那么就该多看对方的优点,使友情长存。

越艰辛，越要柔软，做个真诚的人

"越艰辛，越要柔软，做个真诚的人。"这个想法很了不起，想达到这样的境界，重点在于不怨恨、不嫉妒、不把内心封闭起来，心怀感恩地过日子。如此一来，当你越感到艰辛，心灵就会越柔软。

日本曾经因为战争失去一切，并羡慕美国的富饶。当时的人们即使屋子小到被揶揄是"兔子窝"，仍然不停地买东买西……也许只有家中塞满物品，大家才会感到幸福吧。然而，2011年3月11日，日本发生大地震，从这天起，对人类而言到底什么事才是最重要的？恐怕大家都改变了想法。地震夺走了许多人宝贵的生命；还有很多家庭因此妻离子散。但这样的失去也让我们看到了些什么。原本希望生活能更阔绰的人，应该已经发现，维持那些看似理所当然的平静日子，是多么重要的事。

　　留意生活中俯拾皆是的小确幸，人生就会充满喜乐。能与教导我重大人生意义的古谷相识相守，携手共度人生，是我最大的幸福。

> 日本人的饮食习惯非常好，
> 唯有钙质不足，
> 多喝牛奶就行了

现代人不论谈到什么，都强调健康、乐活。但我认为，健康不就是日常生活的基本状态之一吗？其中包括日本从早前便流传下来的和式饮食。

"日本人的饮食习惯非常好，唯有钙质不足，和式饮食的人，不妨多喝一杯牛奶，补充钙质。"香川绫女士曾说过这句话，我至今仍奉行不悖。我并不会额外进补，每天吃的东西也没什么特别的。倘若餐盘里有蔬菜、水果，我一定会多吃。此外，我也喜欢吃肉、吃鱼。然而过去因为战争，曾经无法买到喜欢的食物，所以我很节制，即使采购食材也会控制在基本量。

　　自己的身体自己最清楚，吃下必要的食物就够了。例如，夏天我会下馆子吃鳗鱼，回家后，我一定会吃蔬菜和水果。我想，这就是维系健康的饮食生活吧。

愿望尽可能越小越好

我曾受邀参加儿童文学作家寺村辉夫先生的结婚典礼，他的恩师坪田让治先生，在致祝贺词时说了"愿望越小越好"这句话，可以说是指引了我人生的方向。

在婚礼上，大概都会勉励大家"要有大的愿望"，但坪田先生却主张"愿望尽可能越小越好"。我听后大为吃惊，这是多么富有哲理的见解啊！如果愿望太大，不但实践起来十分辛苦，最后还可能以失败告终，反而是小小的愿望更容易达成，基于较高的成功率，你也会更加努力。享受到实现愿望的幸福感后，再拟定下一个小小的愿望……如此这般循环下去，你的人生就能不断前进。

这就是坪田让治先生教我的人生哲理,令我深受感动。坪田先生的话我一直记在心里,也努力朝着这个目标前进——所以,迄今我仍没有什么大的愿望。

傲慢会招致毁灭

"傲慢会招致毁灭。"这句话是料理研究专家饭田深雪女士说的。这句话我深有同感。傲慢是很大的损失,也会导致毁灭。

前文提过,比起自己说话,我更喜欢听别人说话,如果听了有所感触,这句话就会令我终生难忘。之所以深受感触,是因为它具有直击我内心深处的特质,可以说是使我心灵成长的最佳肥料。

如果你希望能被感动,就要常和朋友碰面聊天。古谷虽然老爱针对许多事情发表高见,但迄今还是"只要注意对方的优点就行了"这句话最为珍贵。我很感谢他把这句话留了下来。

独居要小心身体，但也不该放任自己怠惰

年过90岁之后的独自生活，困难的事情越来越多，例如，不可以走太多路、不可以提重物、不可以取放置在高处的东西。

但我还是能够煮饭做菜、打扫、给花草浇水。由于一个人独居，就算稍微勉强了一点儿，自己的事还是必须自己做才行。如果因为怕吃苦，就放任自己说"这件事我做不到"，恐怕以后无论什么事都得依赖别人了，因为这样比较轻松。

人都是有惰性的，正因为一个人独居，所以你必须非常小心。万一不小心摔倒可就麻烦了，但是能够做到的事，仍要靠自己努力去完成。

别被"人生应该如何"束缚

每个人的价值观不一样，性格也大不相同。因此不要被老人应该如何、女人应该怎样，甚至人生应该怎样等既定观念束缚。

即使是同一个人，也会随着境遇的不同而改变思考方式。过去当我照护婆婆时，总认为人老了最大的问题就是长期照护。但也许等到我变成受照顾的一方时，看法又会与之前有所不同。因此，如果总是强调长期照顾老人很吃力，好像年纪大了却还活这么久是种罪恶，那也不免偏颇，我很讨厌这样的观念。

我现在的想法是：与其担心老了以后会不会需要长期被照顾，还不如乐观地面对老年生活。我希望自己的人生不被世俗观念束缚，可以更自由地老去。

品尝现在拥有的幸福

我这一生从不拘泥于过去。即使无法依照自己描绘的人生蓝图前进,也可以从歧路中发现不同的乐趣。例如,年纪大了想读书,但偏偏眼睛不好,无法畅快地阅读想看的作品;想去旅行,但双腿无力,无法走太多的路等。很多事情都不能随心所欲地去完成。

上了年纪之后,体力持续衰退。任何人都会对这样的变化感到不安。但如果生活被不安控制,终将失去乐趣。我认为,同样是活着,如果不能快快乐乐地过活,实在太不划算了。不论何时都要开开心心的,任何年纪都可以找到让你觉得快乐的事。因此,只要懂得感受现在拥有的幸福就好。有别于以往的劳碌命,现在的我已懂得放慢脚步,一边悠闲地聆听、观察、尝试各种事物,一边满足地度过每一天。

闷闷不乐无济于事

尽管我每天都精神抖擞地工作,但仍有感到疲惫的时候,如果疲劳感持续累积,就会让人担心,不知能否按照进度完成约定的工作。不过,这时的我会想:真的做不完就暂且放下吧。遇到困难时,闷闷不乐根本无济于事,不妨正面思考,明天的事明天再说。

我的人生到目前为止没生过什么大病,可说是深受健康之惠。哪天要是真的生病,住院治疗就能痊愈的话倒还无所谓,若真的治不好,我其实也想得很开。真要说起来,我年轻时的日子不算富裕。战争期间,为了在绝望的生活中努力活着,我不得不时时朝着光明的一面看,这样的正面思想,反而使我更有活力。

未来我打算一个人住

因为我没有孩子,过去家人健在时,就已打算总有一天要一个人生活,因此在未来的人生规划中,我很早便把"独居"规划在其中了。当时我心想:家族里我最年轻,独居的可能性也最高:即使未来有了孩子,我也可能主动选择一个人住。

有意选择一个人住的理由之一是,考虑到"人心如何变化,无人能知"。不论结婚对象有多契合,也无法预测未来的情况如何。因此结婚以后,我一直都抱着无论何时要我独居都不要紧的心理。

我们无法掌握人心将如何改变,只能竭尽全力,认真地过好今天。现在回首过往,我和先夫两人(后来婆婆光子加入了)的生活虽非早有规划,却异常充实。我很高兴自己能够照看两位家人直到他们去世,尽了我做人的本分。

今天就是最棒的一天

任何人都会感受到老年的孤寂，但因为我打从心底享受快乐的生活，根本没时间喊寂寞。我相当喜欢自己选择独居、面对死亡的方式。善活与善终乃一体的两面，思考如何善终，就是在思考现在如何生活。

"今天就是最棒的一天！"这句话教我品尝现在拥有的幸福。我希望每天都能想着"今天最棒！"，并且愉快地品味生活。

"今生幸福的现在，就是蒸小芋头。"这是俳句*家铃木真砂女的名句，我非常喜欢这首作品。

---

* 俳句是日本的一种古典短诗。

Appendix

附
录
①

我最喜欢做的菜

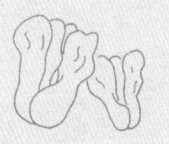

春天食谱

凉拌卷心菜

将卷心菜对切成两半,取一半备用。将冰箱里剩余的苹果凉拌,就成了我的私房料理——凉拌卷心菜。

材料:

卷心菜半个
苹果半个
食用油 2 大匙
盐 1 小匙
柠檬汁 1 匙(或 2 大匙醋)

做法:

卷心菜切细丝。苹果去皮、切细丝。将食用油、盐、柠檬汁搅拌均匀,和卷心菜丝、苹果丝拌在一起。放进冰箱可保鲜约 3～4 天。如有剩余,可以加在面包上,或沥干水分加上美乃滋,也很好吃。

新鲜洋葱柴鱼片沙拉

　　这道沙拉做法很简单,把新鲜洋葱切成片,上面撒上干柴鱼片即可。吃完油腻的食物后,吃点洋葱柴鱼片沙拉改变一下口味,非常爽口。

材料:

新鲜洋葱 1 个
柴鱼片 1 小撮

做法:

将洋葱对半纵切后,切成片,泡水后沥干盛在盘中,撒上柴鱼片。可依喜欢的咸淡,决定淋多少酱油。

豌豆汁

这道菜是诗人谷川俊太郎先生的母亲教我做的,我常说吃起来有"妈妈的味道"。据说这是源自京都名店"淀"的料理。每当老家寄来豌豆,我就会做这道菜,这也是我们全家人的最爱。

材料:

剥去豆荚的豌豆 2 杯
私房酱汁 2 杯半(做法见第 54 页)
天然海盐 1 小匙
酱油膏 1 小匙

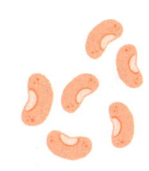

做法:

把盐和酱油膏倒入私房酱汁里,先煮一下使其融合,然后倒入豌豆。等豌豆煮熟,即可连酱汁一起盛入碗中。可以像吃饭一样,用汤匙舀着吃。

沙拉寿司

在刚煮好的米饭上淋法式沙拉酱,把大量的蔬菜和食材撒在上面即可。是一道可以立刻端出来宴客的料理。

材料:

温热的白米饭 3 碗
法式沙拉酱 3 大匙
芹菜、莴苣、香菜、西红柿等蔬菜皆适量
火腿肉 3 片
水煮蛋 2 个
装饰用香菜末 1 大匙

做法:

温热的白米饭淋上法式沙拉酱拌匀。将蔬菜和火腿肉切碎,水煮蛋切片。用 1 大匙法式沙拉酱搅拌蔬菜,再和白米饭拌匀,盛盘后再放上切好的蛋片和香菜末即可上桌。

夏天食谱

毛豆饭

毛豆要选新鲜的,简单煮一下就好,这是美味的秘诀。水开后放入少许盐,毛豆煮开后捞出泡冷水,豆子才不会变老。

材料:

去豆荚的毛豆 1 杯
米 2 杯
天然海盐 1 小匙
10 cm 昆布 1 块

做法:

毛豆加入适量的盐入水煮,变硬之前捞出放入冷水中浸泡。接着在生米中放进昆布,加入适量的水和盐蒸煮。在白米饭蒸好之前放入毛豆,等饭蒸好后搅拌均匀即可食用。

干咖喱

我通常选择油脂较少的牛肉煮干咖喱。因为我喜欢吃辣,所以选了辣味的咖喱粉。我会多做一点儿,放在吐司上夹莴苣叶当成三明治吃,美味极了。

材料:

牛肉馅 200 g   洋葱半个
胡萝卜 5 ~ 6 cm   青椒 2 个
咖喱粉 1 勺半   橄榄油 2 大匙
月桂叶 1 片   盐 1 小匙
白胡椒、黑胡椒、西红柿酱各少许

做法:

将洋葱、胡萝卜、青椒切细丝。平底锅中放入橄榄油,先炒蔬菜,再放入牛肉馅快炒一下。等牛肉变色时,加入咖喱粉、盐、白胡椒、月桂叶,小心不要炒焦。炒好盛盘时,再依喜欢的口味,加入黑胡椒或西红柿酱。

芹菜炒牛肉

上了年纪的人通常不太适合吃过多牛肉，再加上芹菜含有较高的纤维素含量，使芹菜的口感偏硬，我平常其实很少吃。但这两种食材的营养价值都很高，偶尔有客人来访时，我会做来招待客人。

材料：

牛肉 150 g　　　芹菜 2 根　　　芹菜叶适量
酱油 2 大匙　　　酒 2 大匙　　　橄榄油 2 大匙
胡椒少许

做法：

牛肉切 5 mm 宽的丝，芹菜茎切丝，叶子切碎。平底锅中倒入橄榄油炒牛肉。等牛肉颜色变了，放入芹菜茎快炒，并加入料酒、酱油调味，最后撒上胡椒即可。

醋腌蘘荷

庭院中种了蘘荷*,因此我常摘下来用醋腌泡,摆着慢慢吃。用切碎的腌蘘荷混入温热的白米饭,做成蘘荷寿司也十分美味,是适合夏天的食谱。

材料:

蘘荷 10 个
综合醋(私房酱汁 30 mL,味醂 30 mL,醋 30 mL,天然海盐 1 小匙)

做法:

将蘘荷洗净,放入热水中煮 20~30 秒,盛出来降温后,和醋汁一起放进在沸水煮过的瓶中腌制,即使过季也可食用。

---

* 蘘荷,日本称"茗荷",花蕾可食,适合做凉拌、渍物、冷面等料理的香料。

西红柿酱

趁着西红柿成熟的季节,多买一些回家打成西红柿汁,也可以做成西红柿酱。做法很简单,第一次做西红柿酱的人也可以轻松完成。要注意的是,西红柿酱若做得不够甜就不能久放,因此要注意砂糖的用量。

材料:

西红柿 3 个
砂糖则依据西红柿的重量而定,大约和西红柿的重量一样即可

做法:

西红柿去蒂切 4 瓣,放在火上烤一下,等变软之后,用果汁机打成泥,过滤后加入砂糖一起煮,等表面起泡后,改用文火熬煮 5 分钟。接着将锅移开灶台,等西红柿酱略凉,即可倒入在沸水煮过的瓶中保存。

秋天食谱

炒鸡肉

筑前煮在东京是指炒鸡肉,在九州岛则叫龟煮,连菜名都很有乡土特色。根据季节,放入笋、银杏果、荷兰豆、花椒的嫩芽。建议大家一次最好多煮一些,等到想吃的时候淋上料酒,热炒一下,非常可口。

材料:

鸡腿肉 300 g   胡萝卜 100 g   牛蒡 100 g
干香菇 3~5 朵   魔芋 100 g   银杏果 20 粒
荷兰豆 10 片   莲藕 100 g   食用油 2~3 大匙
私房酱汁 5 大匙   盐 1 小撮   料酒 1~2 大匙

做法:

胡萝卜、牛蒡、莲藕随意切块,干香菇从根部切成 4 块,魔芋先去涩味,切成一口大小,银杏剥壳烫一下去皮。接着将鸡腿肉切成一口大小,在料酒中腌制一会儿。平底锅放油,将鸡腿肉放入后以大火快炒,熟后取出备用。锅里放油,把蔬菜、香菇、魔芋、银杏等放入快炒,倒入私房酱汁调味。等蔬菜炒熟,再把鸡腿肉放进锅中烹煮,盛盘时可放几片用水烫过的荷兰豆增色。

红薯苹果沙拉

在沙拉中加入微酸的苹果,是我家的私房料理。之前到加拿大旅行时,我学会了在美乃滋中加蜂蜜,味道特别好。红薯则是以前当家里没有蔬菜时的代替品。红薯富含胡萝卜素、维生素 C,是很有营养的食物。

材料:

红薯 1 个
苹果半个
美乃滋 2 大匙
肉桂粉少许

做法:

用蒸笼或电饭锅,先将红薯蒸熟剥皮,切成 1 cm 大小。苹果削皮,切成同样大小的方块。最后用美乃滋搅拌红薯和苹果,再撒点肉桂粉即可。

柿子魔芋白酱

这是我最爱的料理。做白酱时,只要把豆腐汆烫一下就可以存放久一点儿,我还会加入西京味噌,带有一点点甜味,十分好吃。盛产柿子的季节,我会趁着柿子还硬的时候摘下来做。

材料:

柿子 1 个
鲣鱼酱汁 1 杯
木棉豆腐 1 块
西京味噌 2 小匙

魔芋半个
私房酱汁 40 mL
磨碎的芝麻 1 大匙

做法:

将魔芋切片汆烫,加入鲣鱼酱汁和私房酱汁一起熬煮,即成魔芋煮汁。接着另取柿子和魔芋切适当大小,和洗过沥干的木棉豆腐、磨碎的芝麻、西京味噌,一起用磨钵或食物料理机打碎,即成白酱。食用前在白酱内倒入魔芋煮汁即可。

吉泽流关东煮

我家的关东煮基本上味道比较清淡,所以我会另外准备私房酱汁、淡味酱油、味醂调味。我会依照喜好,另加魔芋、竹轮、白萝卜、半片*。

材料:

魔芋 2 个	生竹轮 2 根	烤竹轮 1 根
鱼浆棒 2 根	白萝卜半根	半片 2 个
炸鱼浆饼 4 种 8 个	水煮蛋 5 个	昆布 10 cm 3 块
魔芋丝 1 袋	海老芋 8 个	银杏果 15 粒
鲣鱼酱汁 1500 mL	私房酱汁 300 mL	

关东煮酱汁(私房酱汁 1500 mL、味醂 75 mL、淡味酱油 75 mL)

做法:

白萝卜去皮,切 2~3 cm 厚的片,切口划十字,用淘米水煮好备用。魔芋切三角形,和魔芋丝一起过水。生竹轮和烤竹轮切成 4 cm 宽的筒状,半片切三角形。银杏剥壳过水,去掉薄皮,用竹签串起来。海老芋剥皮煮一下去涩。炸鱼浆饼用热水去油、沥干水分。将鲣鱼酱汁和私房酱汁放入锅中混合,把上述食材及鱼浆棒、昆布、水煮蛋一起煮开。最后把煮好的材料移到关东煮酱汁里,再次煮开即可。

---

* 由白肉鱼、山药和蛋白制成,口感犹如棉花糖般,很受女性欢迎。

冬天食谱

牛奶粥

　　香川绫女士过了米寿（88岁），不但头发乌黑、看报纸时不必戴眼镜，甚至还能教书。每次见到她总是笑嘻嘻的，非常有精神，让我十分佩服。报纸上说，香川女士每天早上都吃牛奶粥，我想至少早餐得和她吃一样的食物。不过，我这道菜应该叫牛奶大杂烩才对。

材料：

牛奶	白米饭	青菜
红薯	胡萝卜	鸡蛋

做法：

锅里放白米饭和热水后开火烹煮，等米饭煮软后加入大量牛奶。然后加入青菜、蒸熟的红薯、胡萝卜等碎块，加盐调味后打一个鸡蛋，放入硬芝士也很好吃。

炖煮白萝卜

冬天的白萝卜十分美味。将切成细丝的柚子皮、酱油、醋做成腌渍酱汁，可用来浸泡白萝卜，配茶、下酒皆适宜。白萝卜切三等分，取中间段来用。腌渍酱汁可以用来泡两次没问题。

材料：

白萝卜 1/3 根　　酱油 1 杯　　料酒 1 大匙
醋 2/3 杯　　柚子皮半个

做法：

白萝卜切 1 cm 厚，与料酒和酱油搅拌并煮一下。最后加醋，撒上切丝的柚子皮浸泡即可。

我家的大杂烩

先夫和婆婆都喜欢吃煮得黏黏的麻薯大杂烩,我则喜欢在刚烤好的麻薯上淋酱汁吃。这个大杂烩是我家的独门口味。

材料:

鸡骨汤 800 mL　　　　　天然海盐 1/3～1/2 小匙
酱油 1/2 匙　　　　　　红白鱼板各 4 片
小松菜 2 棵　　　　　　5 cm 的昆布 2 块
方形麻薯饼 4 个　　　　柚子皮少许
白萝卜和红萝卜分别切成 5 cm×1 cm 大小各 4 片

做法:

小松菜加盐烫一下,沥干水分后切成 5 cm 备用。白萝卜、胡萝卜都烫煮一下,将鱼板切成喜欢的厚度。鸡汤里加昆布、盐、酱油等调味,先煮一下,将麻薯饼的表面略烤焦,放进刚刚煮好的鸡汤酱汁,再加入蔬菜、鱼板等上色,盛盘时撒一点柚子皮。

柿子干拌柚子

这道菜很适合聚会时吃。可以用蜂蜜取代砂糖，喜欢清爽口味的人，可以多加点柚子果肉。

材料：

柿子干 3 个
柚子皮 3 个
柚子果肉 1 个
砂糖（依喜好增减分量）

做法：

柿子干去籽切 6 瓣。柚子皮剥去白膜，切成细丝。倒入砂糖后仔细揉搓，再把柚子果肉弄碎，混入砂糖，将柿子干、柚子皮、果肉拌在一起即可。

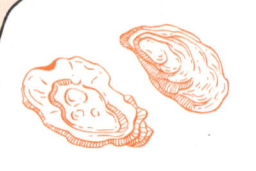

香煎牡蛎

我曾在一位很照顾先夫的老师家中,吃过煎带壳的生牡蛎,淋上柠檬汁后,热腾腾的牡蛎和柠檬汁简直是绝配。从此以后,每到牡蛎盛产的季节,我家餐桌上就会端出这道很有季节风味的料理。

材料:

生牡蛎 10 个　　白萝卜泥 1/2 杯　　蛋黄 1 个
马铃薯淀粉适量　食用油 2 大匙　　　黄油 10 g
柠檬 1~2 个　　　芹菜 2 根　　　　　豆瓣菜 1 把

做法:

牡蛎和白萝卜搓洗,去污泥。打散蛋黄,放入马铃薯淀粉,牡蛎先蘸马铃薯淀粉,抖落过多的粉末。平底锅加热后,放入食用油和黄油,等黄油熔化,即可将牡蛎放入锅中,煎至表面略熟。牡蛎盛出后淋上柠檬汁,并依自己喜欢的口味加盐,再用芹菜、豆瓣菜装饰。

一人份寿司

家里如果有剩菜,我会做成蒸寿司,这是个能让菜肴改头换面的好方法。临时有客人来也可以应急,一个人吃也很丰盛。

材料:

冷饭 1 碗
综合醋(米醋 1 大匙、砂糖 1/2 小匙、盐 1 小匙)
鱼板蛋卷、煎蛋卷、煮甜蘑菇、煮胡萝卜、奈良渍、鱼板适量

做法:

先把冷饭和醋搅拌在一起,将煎蛋卷、鱼板蛋卷、剩余菜肴、奈良渍等切成易于入口的大小。把所有的菜都放在醋饭上,再用蒸笼蒸上 10 分钟即可。

Appendix

附录 ②

我喜欢订购的
食材与点心

山上商店的鲑鱼

当初多亏新潟朋友送礼的缘分,让我见识了咸鲑鱼切片的美味。真的好厚一块,盐分恰到好处,正是我的最爱。切薄片冷冻后适合凉拌,也可以拿来烤干,再放进瓶子保存起来配茶吃。每次订货送达后,我都会迫不及待和朋友"分享福气"(见第62页)。

下田豆腐店的创意炸油豆腐

某位在神奈川县政府工作的朋友,介绍给我这个梦幻逸品。这家店铺在小田原,据说是家百年老店。我虽未亲身拜访,却通过邮购和老板娘成了好友(见第136页),一旦店里研发出新的料理,她都会寄给我试吃。当我做关东煮、炖东西时,用这家店的炸油豆腐做出来的味道总是与众不同。我会在举办读书会等特别的日子,订购下田豆腐店的甜辣油豆腐放在寿司饭上,原本的家常小菜马上成为一流料理。

野中鱼板店的鱼肉天妇罗

这是先夫故乡之味。既然叫天妇罗,就应该是裹上面糊油炸的食物,不过在先夫的老家爱媛县,则是指像萨摩炸鱼饼那样,反复油炸的食品。我头一次吃时,觉得和东京的鱼板完全不同,现在吃习惯了,反而觉得无比美味,随时都想品尝。

山田屋的小馒头

山田屋的小馒头皮很薄,里头的馅料*实在,甜度刚刚好,完全没有任何添加物,更贴心地做成可以一口吃下的大小。这是先夫故乡爱媛的名产。虽然在东京的百货公司可以买到,但我习惯请对方现做后再寄来。假如一次吃不完,建议放进冰箱冷冻起来,夏天吃半解冻的小馒头,冰凉爽口。

---

* 在日本,有各种馅料的小馒头。

SUYA 的栗子团

我和中津川市糕饼店"SUYA"的栗子团结缘，是很久以前的事了。记得当时还是和同事一起品尝的。每一个栗子团都由员工亲手用茶巾仔细地包起来，为了做出栗子团的外形而捏成块状，这种包装方式至今未曾改变，大概就是所谓的传统之味吧。要注意的是，"SUYA"的栗子团是季节限定商品，每年只能享用一次，实在是难得的幸福。

MONROWARU 的树叶巧克力

生前教音乐的妹妹，学生送了她这款巧克力，外形小小的很好入口，十分可爱。我吃了一次之后，便直接从位于神户的店家订购。精致的外盒里放了几颗造型可爱、树叶形状的巧克力，有三种口味。不只孩子们喜欢，我也会在工作空当吃一颗。由于实在太好吃了，我渐渐就养成订购的习惯。记得当时还常被妹妹说："姐，你吃巧克力上瘾了。"真是一点也没说错。

Postscript

后记

总有些事，
不到那个年纪就是不会懂

过去和家人同住的时候，有很长一段时间，我负责婆婆光子的饮食起居。

"妈妈，吃早饭喽。"和婆婆打过招呼之后，她虽然立刻回答："好的，谢谢你。我马上过来。"但我仍有些不安，总感觉婆婆的声音虽然有精神，腰腿却似乎很虚弱，不太能走动的样子。现在这个情况同样发生在我身上。早上虽然我会在预定的时间起床，但是起床后不是找不到前一晚应该收好的袜子，就是用旁人看了会哈哈大笑的怪异姿势，磨磨蹭蹭地穿好久，经常惹得自己一个人傻笑。

婆婆光子生前常说："人啊，不论多么聪明，总有些事不到那个年纪就是不会懂。"我现在完全明白这句话了。陆续送走婆婆、先夫后的30年间,我总是会以正月家人*的身份,到年轻的朋友家吃年夜饭,也会帮他们准备一些年菜。

但从迈入95岁那年开始,我就停止了这个习惯。侄子工作的酒店里有日式餐厅,今年的除夕,我便和几位也是孤身一人的朋友在那里吃大杂烩。

因为我的两只脚越来越痛,我想,最好不要勉强自己在厨房站太久,只得放弃准备正月的年菜了。

我至今仍在继续工作,为了储备明天的体力,偶尔也得允许自己稍稍偷懒。婆婆、先夫以前辈之姿,让我瞥见了自己老了以后的身影。我只想怀着感谢的心,安静地度过老年岁月。

---

* 平时没有往来,唯有过年团圆时才现身的亲人。

衷心期许，大家能健康、自由地老去

2017年1月21日，我就要满99岁了*。婆婆和先夫去世之后，我已经独居将近35个年头，现在仍在众人的帮助下过着独居生活。

过去我有个任性、难以取悦的丈夫，还接了丧偶的婆婆一起同住，我经常感到自己在兼顾工作和家庭之间，被时间不断地追着跑，丝毫没有片刻属于自己的自由。但也因为我乐天知命、随遇而安的个性，其实并不以为苦。

我想，无论什么时候，喜欢吃东西、喜欢煮饭给别

---

* 此篇后记作者写于2016年，吉泽奶奶于2019年3月21日去世。

人吃，这两点是维持我身心健康最大的秘诀。由于战争期间粮食不够，我学习到了"只要稍微下点功夫，便可煮出美味料理"的智慧。

过去人们把99岁称为"白寿"，或差一年就100岁的99岁，仿佛这个年纪的女人，有着世人难以想象的白发老妖外貌。其实现代人活到超过90岁，早已是司空见惯的事了。

日本被称为高龄社会已久，考虑到长久的未来，实在不能无视高龄问题。我想，社会全体都有责任，打造一个对年长者更温柔、更易于居住的环境，衷心期许这样的世界早日成真。